Rainer Langosch

Erfolgreiche Unternehmensführung
in der Landwirtschaft

2. Auflage

Das Fitnessprogramm für Ihren Betrieb!

Inhalt

3 Vorwort
3 Fast ein Krimi!
4 Fast ein Kochbuch!

8 Aufgaben
8 Was muss der Unternehmer leisten?
15 Was muss das Unternehmen leisten?
21 Wie gestalte ich mein Unternehmen selbst?

24 Das Unternehmenshaus
27 Ziele und Strategie: Wissen, wohin die Reise führen soll
45 Märkte und Marketing: Märkte verstehen – Marktpartner erreichen
67 Entscheidung und Verantwortung: Wer hat was zu sagen?
73 Konten und Kassen: Finanzen im Unternehmen
80 Produkte und Leistungen: Machen wir das Richtige?

87 Personal und Arbeit: Wie nehmen wir unser Personal mit?
97 Verfahren und Abläufe: Erledigen wir unsere Aufgaben richtig?
102 Standort und Ressourcen: Liegen wir richtig?
104 Wissen und Innovation: Wie bleiben wir auf dem Laufenden?

110 Stärken-Schwächen/ Chancen-Risiken: „Bewertung"
112 Schritt 1: Die ehrliche Bestandsaufnahme
114 Schritt 2: Maß nehmen!
117 Schritt 3: Ein Profil bilden – das System verstehen

121 Veränderung wagen

124 Service
124 Wichtige Adressen
124 Literaturverzeichnis
126 Stichwortverzeichnis
127 Bildquellen

Vorwort

Fast ein Krimi!

Der Unterschied ist: Bereits am Anfang steht fest, wer der Täter ist, nämlich Sie, der Unternehmer bzw. die Unternehmerin. Sie sind es, die dafür sorgen, dass der Laden brummt, dass es weiter geht und dass das Unternehmen gedeiht. Das Buch handelt von den Aufgaben des Unternehmers: ein Unternehmen zu führen und richtig einzustellen. Ihren Aufgaben also. Dazu bedarf es eines Überblicks, einer realistischen Einschätzung der Kräfte sowie einer Orientierung auf ein Zukunftsbild und ein Ziel hin.

„Wer nicht weiß, wo er hin will, dem weht kein Wind günstig". Diese tiefe Weisheit aus dem antiken China unterstreicht die Bedeutung der Ziele für den Erfolg. Und darauf beruht das Konzept zielorientierte Führung: Management by Objectives. Klare Ziele zeigen eine Richtung, geben Orientierung und machen Fortschritt messbar. Ziele setzen zu können ist in einer unternehmerisch ausgerichteten Landwirtschaft von existenzieller Bedeutung. Sie ermöglichen das unternehmerische Kerngeschäft: Entscheidungen vorbereiten, treffen und für die Umsetzung sorgen.

Die Anforderungen an den Unternehmer im Landwirt steigen unvermindert weiter. Der Abschied der Agrarpolitik aus einem System von Sicherheit vermittelnden Marktordnungen, die auch einen erheblichen Teil der unternehmerischen Risiken „ordneten", ist weitergehend vollzogen worden. Die landwirtschaftliche Produktion hat seither ihr Gesicht gewandelt. Das traditionelle Bild vom Landwirt als Produzenten erschwinglicher Lebensmittel-Rohwaren hat sich verändert. Heute ist der Landwirt ein eng in Wertschöpfungsnetze integrierter Experte für die Erzeugung von Qualitätsprodukten in anspruchsvollen Produktionsverfahren. Neue Qualitätsdimensio-

> Bauer – Landwirt – Experte für vernetzte Wertschöpfung

nen haben sich entwickelt – z. B. Öko-, QS- oder Regionalitätskriterien. Neue Märkte – insbesondere Erneuerbare Energien, aber auch der Agrartourismus – gehören heute zum Leistungsspektrum der multifunktionalen Landwirtschaft. Die Arbeitsteilung und damit die Produktivität nehmen weiter zu.

Der technische Fortschritt bleibt wichtiger Wachstumstreiber. Die physischen Grenzen in Form von Arbeitsbreiten, zulässigen Gesamtgewichten, straßenverkehrstauglichen Höhen-, Breiten- und Längenmaßen scheinen zwar erreicht zu sein. Aber im gesamten Agrarsektor stecken noch erhebliche Produktivitätsreserven, die diejenigen Landwirte erschließen werden, denen es gelingt, die technischen Möglichkeiten strategisch zu nutzen. Die noch nicht ausgeschöpften Kräfte des technischen Fortschritts erhalten durch organisatorischen Fortschritt Bodenhaftung und Breitenwirkung. Organisatorischer Fortschritt bezieht dabei nicht nur Wachstumsschritte ein. Er findet auch überbetrieblich dort statt, wo dem innerbetrieblichen Wachstum aufgrund von Flächenverfügbarkeiten, Arbeitswirtschaft, finanziellem Rahmen oder administrativ-genehmigungsrechtlichen Hemmnissen Grenzen gesetzt sind.

Die Folge: Es könnte sein, dass die Fähigkeiten in der Unternehmensführung als Wettbewerbsvorteil noch weiter an Gewicht gewinnen. Die Dimensionen, in denen Landwirtschaft sich bewegt, sind mehrschichtig. Die Frage nach der betrieblichen Zukunft, die in einem Entwicklungsziel mündet, beginnt mit der Bestandsaufnahme, der Positionsbestimmung für Unternehmen und Unternehmer.

Fast ein Kochbuch!

Wie in der Küche am Herd reicht es nicht, „man nehme"-Zutaten zusammen zu stellen, einfach eine „bei kleiner Flamme garen"-Zubereitung abzuarbeiten und gemäß Serviervorschlägen aufzutragen. Auf den „Koch" kommt es an! Es geht um den Unternehmer, der die Vielfalt der unternehmens-individuellen Aufgabenstellungen, die Vielzahl der Gestaltungsbereiche und die vielfach vernetzten Ursache-Wirkungs-Mechanismen im komplexen ökonomischen und sozialen Gebilde „Unternehmen" versteht und mit seiner individuellen Erfolgsrezeptur zusammenfügt.

Unternehmensführung und Management sind wissenschaftlicher Bearbeitung zugänglich. Ergebnisse und Erkenntnisse folgen aus systematischer Forschungs- und Entwicklungsarbeit. Der Wissenstransfer in die Praxis erfolgt über Publikationen, Training, Beratung und Coaching. Hier muss sich die Relevanz der Früchte wissenschaftlicher Arbeit beweisen. Der Autor hat in den vergangenen 20 Jahren in der Beratung eine Vielzahl von Projekten der Unternehmensführung bearbeitet und Problemlösungen (mit-)erarbeitet. Er hat in weit über 200 mehrtägigen Unternehmertrainings vor allem für Landwirte und angrenzende Branchen die im Buch vorgestellten Werkzeuge eingesetzt, erprobt und (weiter-) entwickelt. Dabei haben sowohl die besonders erfolgreichen Unternehmer, Unternehmen und Konstellationen als auch die besonders herausfordernden, komplexen „Fälle" die inhaltliche, methodische und didaktische Weiterentwicklung vorangetrieben. Stets auch mit den Fragen im Blick: Was lässt sich aus den erfolgreichen Fällen und Beispielen für andere übertragen? Was ist der springende Punkt zur Lösung besonders kniffliger Aufgabenstellungen? Von dieser angewandten Entwicklungsarbeit profitiert dieses Buch maßgeblich.

Weder als Wissenschaft noch in der Praxis lässt sich Unternehmensführung einfach einer Disziplin zuordnen. Es ist nicht nur Teilbereich der Wirtschaftswissenschaft. Es geht um ein ganzheitliches Verständnis wirtschafts-, aber eben auch bio- und technikwissenschaftlicher, sozial-, verhaltens- und kommunikationswissenschaftlicher Grundlagen. Unternehmensführung hat mit Menschen zu tun, mit ihrem Verstand und ihrem Geschick. Aber auch mit ihren Wünschen, Erwartungen, mit

Freude und Frustration. Langfristig erfolgreiche Unternehmensführung braucht soziale Kompetenz und emotionale Intelligenz. Wer andere Menschen erreicht, sie überzeugen und begeistern kann, findet die Unterstützung, die eine aktiv gestaltete Entwicklung in einem durch und durch herausfordernden Umfeld erst möglich macht: Sei es in der Personalführung im Unternehmen, in Kooperationen mit anderen Unternehmen, in der Gestaltung ertragreicher Beziehungen zu Partnern auf den Märkten oder in der Überzeugungsarbeit in Nachbarschaft, Gemeinde oder Region. Die wissenschaftliche Methode der Wahl, Unternehmensführung und Management im Agrarbereich zu untersuchen, ist die „teilnehmende Beobachtung". Das Verständnis für die Aufgabenstellungen und Lösungswege, für die Erfolgsfaktoren von Entscheidungen und Strategien wächst in der Praxis. Sie ist zugleich Ausgang und Ziel systematischer Auseinandersetzung mit den Grundlagen und Konzepten für unternehmerischen Erfolg. Sie liefert die Maßstäbe für Relevanz der Fragestellungen sowie Aussagekraft der Ergebnisse und Erkenntnisse. Die teilnehmende Beobachtung setzt die aktive Teilnahme am Geschehen voraus.

Aus der Mehrschichtigkeit, dem interdisziplinären, systemischen und ganzheitlichen Anspruch der Unternehmensführung folgt auch, dass dieses Buch Wirkungszusammenhänge darstellt und Werkzeuge für die Unternehmensführung vorschlägt. Diese Werkzeuge sind ihrerseits jedes für sich Gegenstand tieferer wissenschaftlicher Analyse und praktischer Erfahrung, die jedoch an anderer Stelle stattfinden. Hier kann es nur darum gehen, die Werkzeuge prägnant vorzustellen und ihre Einsatzbereiche in den jeweiligen Gestaltungsbereichen der Unternehmensführung abzustecken. Erfolgreiche Unternehmensführung hängt vielmehr vom richtigen Zusammenwirken der unterschiedlichen Werkzeuge ab, als dass sich ein einziges Wunderwerkzeug finden ließe, das alle Aufgaben der Unternehmensführung in eins zusammenführt. Der Agrarbericht zählt für das Jahr 2013 insgesamt 285.000 Betriebe. Sicher hat jedes

Unternehmen seine eigene Ausgangssituation und eigene Entwicklungsmöglichkeiten. Jeder Betriebsleiter hat seine Vorstellungen und Herangehensweisen. Es gibt daher tatsächlich rund 285.000 Wege, ein landwirtschaftliches Unternehmen zu führen. In diesem Buch kann es also nicht darum gehen, für alle Unternehmen **einen** Weg zu beschreiben, der für alle gleich aussieht. Im Gegenteil: Jedes Unternehmen ist von seinen eigenen Voraussetzungen, Zielen und Möglichkeiten her zu gestalten. Jeder Unternehmer ist gefordert, die Qualitäten seines Unternehmens zu erkennen, dazu passende Ziele zu formulieren und Entscheidungen zu treffen, die den Weg zu den Zielen ebnen. Davon handelt dieses Buch.

> 285.000 Wege, ein Unternehmen zu führen.

Idee und Anregung zu dieser Form der Auseinandersetzung mit dem Thema kamen aus dem Verlag Eugen Ulmer, Stuttgart, und der Andreas Hermes Akademie in Bonn, zentrale Einrichtung im Bildungswerk der Deutschen Landwirtschaft e.V. Die von ihr entwickelte und im gesamten deutschsprachigen Europa mit großem Erfolg durchgeführte bus-Unternehmerschulung ist eine modular aufgebaute 2-Tages-Trainingsreihe für landwirtschaftliche Unternehmer und Unternehmen. Die Inhalte dieses Buches korrespondieren mit Inhalten betriebswirtschaftlich ausgerichteter Module zur unternehmerischen Standortbestimmung und Unternehmensführung. Die vorgestellten Konzepte, Werkzeuge und Ansätze sind daher auf den Bedarf der praktischen landwirtschaftlichen Unternehmer zugeschnitten. Die ihnen zugrundeliegende theoretische Fundierung weist vielfältige Verknüpfungen mit den Lehrinhalten auf, die der Autor in den Kursen für Unternehmensführung und Management am Fachbereich Agrarwirtschaft und Lebensmittelwissenschaften der Hochschule Neubrandenburg vermittelt.

Für den Weg zum Top-Betrieb gilt das Motto der bus-Kurse der Andreas Hermes Akademie:

„Es gibt nicht einen Weg für alle – aber für jeden einen Weg".

Aufgaben

Der Melkschemel ist kein besonders bequemes
Gestühl. Aber es gibt ein noch unkomfortableres
Möbelstück im Betrieb: Den Chefsessel. Während der
Melkschemel heute kaum noch im Einsatz ist,
kommt es auf die Qualitäten dessen, der im Chefsessel des Unternehmers Platz nimmt, immer stärker
an. Wer hier sitzt, trifft Entscheidungen und trägt
die Verantwortung – fürs Ganze. Hier gibt es keine
Ausflüchte und kein „der hat aber gesagt, ich soll ...“
Aus dieser Tatsache leiten sich die Aufgaben ab, die
der Unternehmer und das Unternehmen haben.

**Vorsicht
unbequem:
Der Chefsessel**

Was muss der Unternehmer leisten?

Der Unternehmer unternimmt. Er unternimmt es, Ideen
zu entwickeln und in Konzepte zu überführen. Er unternimmt es, Chancen zu suchen und sich den Märkten zu
stellen. Der Unternehmer übernimmt aber auch. Er übernimmt Risiken, für die es keine Versicherung gibt: Die
Unternehmerrisiken, d. h. das Risiko, Produktionsfaktoren falsch zu kombinieren, Fehler in der Personalaus-
wahl, -führung und -entwicklung zu begehen, falsche
Markteinschätzungen vorzunehmen, unglücklich verlau-
fende Kooperationen einzugehen oder auf die verkehr-
ten Innovationen zu setzen.

Die Gesamt-Aufgabe des Unternehmers setzt sich aus
vier Teilen zusammen:

Teil 1: Gib Orientierung

Orientierung zu vermitteln verlangt einen Orientierungsrahmen. Es muss ein Leitsystem her, das Richtung

und Werte widerspiegelt, die für das Unternehmen wichtig sind. Dieses Leitsystem bietet den Rahmen um Entwicklungs- und Leistungsziele zu bestimmen. Es ist gleichzeitig Ausgangspunkt für die strategischen Maßgaben und die Unternehmensführung insgesamt.

Teil 2: Triff Entscheidungen – und sorge für deren Umsetzung

Entscheiden ist das ureigenste Hoheitsgebiet des Unternehmers. Alle Entscheidungen im Unternehmen müssen mit den unternehmerischen Grundsatzentscheidungen in Einklang stehen. Machen Sie einen gedanklichen Test: Sie brauchen als Unternehmer in der Tat nicht sehr viel. Sie können einem Unternehmer so ziemlich alles „wegnehmen", dem landwirtschaftlichen Unternehmer sogar seinen Traktor – er kann immer noch Unternehmer bleiben. Nehmen Sie ihm aber die Entscheidungsgewalt im bzw. für das Unternehmen, ist es vorbei mit dem Unternehmersein. Daran erkennen Sie den Unternehmer im Betrieb. Er ist derjenige, der entscheidet, wo es langgeht. Entscheidungen zu treffen und für ihre Umsetzung zu sorgen benötigt eine klare – und klar kommunizierbare (!) – Strategie. Die Strategie als Weg zum Ziel ist wiederum Voraussetzung dafür, Aufgaben zu beschreiben und Maßnahmen zu ergreifen, diese Aufgaben zu erfüllen. Zur Umsetzung dieser Entscheidungen gehören Planung, Steuerung und Kontrolle, die unter dem Oberbegriff „Controlling" zusammengeführt werden.

Teil 3: Gestalte Beziehungen

In arbeitsteiligen Systemen ist es unmöglich, alle Ziele auf eigene Faust zu erreichen. Die Landwirtschaft ist eine hochgradig arbeitsteilig organisierte Branche. Erfolgreiche Unternehmensführung muss daher in der Lage sein, Beziehungen zu Marktpartnern aufzubauen, zu pflegen und weiter zu entwickeln. Im Innern des Unternehmens kommt es zunehmend darauf an, Führungsqualitäten zu entwickeln: Eine Leistungsumgebung zu schaffen, in der auch Mitarbeiterinnen und Mitarbeiter engagiert und motiviert zum Unternehmenserfolg beitragen können und wollen. Grundlage für eine starke Position im Wertschöpfungsnetzwerk der Arbeitsteiligkeit sind funktionierende Beziehungen zu leistungsfähigen Partnern. Funktionierende Beziehungen sind zugleich Voraussetzung, um auch in Situationen mit gegenläufigen Interessen die eigenen Interessen wahren und durchsetzen zu können.

Teil 4: Übernimm Verantwortung

Alles, was im Unternehmen geschieht oder unterbleibt, liegt am Ende des Tages in der Verantwortung des Unternehmers. Er ist verantwortlich dafür, die Chancen zu nutzen und die Risiken zu tragen. Er kann nicht nur Aufgaben sondern auch Entscheidungen delegieren.
Die Gesamtverantwortung – und zuallererst die Verantwortung für die richtige Delegation an die richtigen Mitarbeiter – aber bleibt bei ihm. Verantwortung übernehmen (müssen) ist eine direkte Folge aus dem Entscheidungen treffen (dürfen). Entscheiden ist das Unternehmerprivileg; der Preis dafür ist Verantwortung für die Entscheidungen und die Konsequenzen daraus zu tragen.

Gemeinschaftsaufgabe Unternehmenserfolg

Alleine gut – gemeinsam besser!

Voraussetzung für den Erfolg ist Wollen, Machen, Können und auch Wissen. Dabei müssen Sie als Unternehmer nur eines vollumfänglich selber: Sie müssen Wollen! Ohne Willen und Beharrlichkeit wird es nichts werden. Aber Sie müssen nicht alles selber machen, alles selber können, selber wissen. Vielmehr ist die Fähigkeit gefragt, die erforderlichen Qualifikationen und Erfahrungen ins Unternehmen zu holen und einzusetzen. Die beruhigende Nachricht ist: Sie müssen es nicht einmal besser machen können als diejenigen, denen Sie diese Aufgaben übertragen. Natürlich gehen Sie auch selber durch den Stall, stehen im Melkstand, sitzen auf dem

Traktor und beugen sich über die Bücher. Das alles ist aber noch nicht der Kern Ihrer unternehmerischen Tätigkeit. Sie könnten es sogar an entsprechend qualifizierte und motivierte Mitarbeiter delegieren oder Dienstleister damit beauftragen. Eines allerdings bleibt Ihre unternehmerische Verantwortung: Betrauen Sie die **richtigen** Mitarbeiter bzw. Dienstleister mit den Aufgaben. Scheuen Sie sich nicht davor, qualifiziertes Personal zu engagieren, das etwas besser kann als Sie. Im Gegenteil: Es zeichnet Sie aus, wenn Sie die besten Leute für einen Job gewinnen, der in Ihrem Unternehmen zu erledigen ist. Widerstehen Sie der Versuchung sich im eigenen Unternehmen als Produktionstechniker zu profilieren, wenn es in Wirklichkeit darauf ankommt, das Zusammenspiel der besten Kräfte zum Gesamterfolg zu koordinieren. Am später vorzustellenden Unternehmenshaus wird deutlich, welche unterschiedlichen Bereiche in die Gestaltungshoheit und -verpflichtung des Unternehmers gehören. Kümmern Sie sich vor allem darum, den Überblick zu behalten, bevor Sie selber im Detail Hand anlegen. Richtig ist: Im klassischen Familienbetrieb herrscht nach wie vor das Modell des Allround-Machers vor. Richtig ist, dass eine kluge Arbeitsteilung Spezialisierungsgewinne ermöglicht, dass Größenwachstum auch Größenvorteile mit sich bringt und dass die Entwicklungsgeschwindigkeit in Produktionstechnik, Marktgeschehen und auch Administration es kaum mehr möglich macht, auf allen Gebieten der Einzige, schon gar nicht der Beste zu sein. Wachsen mit Mitarbeitern oder Wachsen in Kooperation gehört sicher zu den ernsthaftesten strategischen Herausforderungen für die Unternehmen, die mittel- und langfristig vorne dabei bleiben wollen.

„Entscheidend ist auf'm Platz"

Und „grau ist alle Theorie".[1] Diese in geflügelte Worte gekleidete Weisheit vom Fußballplatz lässt sich in

1 Adi Preißler (1921–2003)

Maßen auch auf die Unternehmensführung übertragen. Einerseits ist der ökonomische Erfolg, letztlich vom Markt her definiert, Maßstab für die Richtigkeit unternehmerischen Handelns. Andererseits gibt es Muster, Modelle und Methoden, die sich bewährt haben, die übertragbar sind. Sie erlauben es, dem für neue Erkenntnisse offenen Unternehmer Unternehmensführung systematisch anzulegen, strategisch zu verankern und laufend auf Effektivität und Effizienz hin zu überprüfen. Es gibt mehr als nur den Versuch- und Irrtum-Ansatz, um Unternehmensführung zu „lernen" bzw. zu verbessern. Neben diesem "learning by doing" gibt es auch "learning by looking" und "learning by thinking". Hinschauen, über das eigene Hoftor hinausblicken, von anderen lernen ist legitim und befreit vom „learning by doing"-Nachteil, jeden Fehler mindestens einmal selber zu machen, um daraus zu lernen. Es geht also um Weiterkommen durch Achtsamkeit und logisches Denken. In der Sprache von Sherlock Holmes heisst das: „Kombiniere!".

Die Wissenschaft der Unternehmensführung gewinnt ihre Erkenntnisse aus der Praxis und muss sie dorthin zurückbringen. Dazu ist sie angewiesen auf Muster, Modelle und Methoden, die der wissenschaftlich fundierten Bearbeitung zugänglich sind. Sie muss ihre Ergebnisse und Erkenntnisse in Gestalt und Form bringen, die in die Praxis hinein kommunizierbar sind. Unternehmensführung und Management sind also selbstbewusste wissenschaftliche Disziplinen, die indessen nicht (nur) um ihrer selbst willen erforscht und gelehrt werden, sondern deren Ergebnisse und Erkenntnisse immer wieder den Tauglichkeitstest in der Praxis bestehen müssen. Unterm Strich entscheidet der Erfolg, wer „Recht" hat.

Die Erkenntnisse der Nobelpreisträger und die Haltung des Unternehmers

Unternehmensführung ist keine exakte und abstrakte Wissenschaft. Unternehmensführung ist konkret und angewandt. James Watson ist einer der beiden mit dem Nobelpreis ausgezeichneten Entdecker der biochemischen Grundstruktur des Erbgutes, der Doppelhelix. In einem 2003 geführten Interview anlässlich des 50-jährigen Jubiläums der Entdeckung antwortete er auf die Frage, warum gerade ihm und seinem Kollegen Francis Crick der entscheidende Durchbruch in diesem seinerzeit von vielen Arbeitsgruppen bearbeiteten Forschungsfeld gelang: „Entscheidend war, dass wir das Problem richtig definiert haben. ... Wir wollten die Frage beantworten: Was ist Leben?" Mit dem Abstand und dem daraus folgenden Überblick von 50 Jahren formulierte Watson als zentralen Erfolgsfaktor seines Teams: „Die richtige Problem- bzw. Aufgabendefinition macht den Unterschied". Lernen Sie aus dieser Erkenntnis: Stellen Sie die richtigen Fragen.

Das kann der Unternehmer vom Wissenschaftler lernen: Es geht um die Frage, die zu beantworten ist. Wie Fragen richtig zu stellen sind, hängt von Ihrer Haltung zur Unternehmensführung ab. Sind Sie Problemsucher oder Lösungssucher? Wollen Sie verzagt das Killerargument finden, warum etwas nicht funktioniert (hat) oder suchen Sie den Schlüssel zur Lösung, den „Facilitator" (ungefähr: Möglichmacher), mit dem Sie die Dinge bewegen können?

Die wichtigste Tätigkeit des Unternehmers ist, Entscheidungen zu treffen. Jede Entscheidung ist eine Antwort auf eine – richtig zu stellende! – Frage, die eine Aufgabe zu erfüllen oder ein Problem zu lösen hat. Häufig beginnt die Suche nach der Lösung eines Problems mit der Analyse: Warum klappt es nicht? Unternehmerisch betrachtet führt diese Frage in die falsche Richtung. Denn sie sucht Probleme und Schwachstellen, ggf. solange, bis das „K.O.-Kriterium" gefunden ist: Der ultimative Grund, warum es nicht funktionieren kann. Die Entschuldigung dafür sich wieder den einfacheren Dingen zuwenden zu können oder auch die Entschuldigung „danach", die Erklärung dafür, warum etwas nicht geklappt hat: In einem defensiven Betriebsklima, in

Fragen – Führen – Vorne bleiben

einer Atmosphäre, in der Verwalten und Rechtfertigen im Vordergrund steht, kann das sogar eine kluge Überlebensstrategie sein. Hier führen Missgeschicke zu Vorwürfen und Fehler zu Angst. Wo am Anfang die Suche nach einer Entschuldigung für den Fall des Scheiterns steht, kann am Ende nicht viel Mutiges herauskommen. Schaffen Sie ein Unternehmen, in dem Gestalten vor Verwalten steht. Sorgen Sie für ein Umfeld, in dem Sie und Ihr Team anpacken und auch keine Furcht vor innovativen Ansätzen und unkonventionellen Lösungen haben. Fördern Sie die Suche nach den Faktoren, die eine Lösung ermöglichen. Die unternehmerische Herangehensweise macht den Unterschied: Frag Dich nicht, warum etwas nicht funktioniert, frage erst, was zu tun ist, damit es klappt.

Alles, was Recht ist

Laut § 14 Abs. 1 des Bürgerlichen Gesetzbuchs (BGB) ist Unternehmer, wer als natürliche oder juristische Person oder als rechtsfähige Personengesellschaft bei Abschluss eines Rechtsgeschäfts in Ausübung seiner gewerblichen oder selbständigen beruflichen Tätigkeit handelt. Das Umsatzsteuergesetz (UStG) versteht in § 2, Abs. 1 Satz 1 und 3 als Unternehmer, wer eine gewerbliche oder berufliche Tätigkeit selbständig ausübt. Wobei gewerblich oder beruflich jede nachhaltige Tätigkeit zur Erzielung von Einnahmen ist, auch wenn die Absicht fehlt, Gewinn zu erzielen. In der aus gutem Grund nüchternen Sprache der Juristerei ausgedrückt muss Geld fließen, um einen Unternehmer als Unternehmer anzuerkennen. Ein Unternehmer darf mit seinem Unternehmen auch gänzlich andere Ziele verfolgen, in Ergänzung seiner ökonomischen und monetären Ziele oder auch statt dieser. Rechtlich allerdings wäre er dann kein Unternehmer mehr.

Was muss das Unternehmen leisten?

Die klassische Betriebswirtschaftslehre erkennt ein
Unternehmen an drei Merkmalen:

- dem Streben nach Gewinnmaximierung,
- dem Prinzip des Privateigentums und
- der Selbstbestimmung des Wirtschaftsplans
  (Domschke u. Scholl 2008).

Ein Unternehmen ist keine Insel

Das Unternehmen ist somit die organisatorische und
juristische Einheit, die ihre – diesen sehr abstrakt for-
mulierten Merkmalen entsprechenden – Ziele im Wirt-
schaftsprozess verfolgt. Dabei wirkt sie mit anderen
am Wirtschaftsgeschehen Beteiligten zusammen. Der
Blick auf „die Anderen" ist von Bedeutung. Ein Unternehmen stellt keinen Selbstzweck dar. Auf Wettbewerbsmärkten braucht das Unternehmen für sein Angebot
die „Nachfrage", die es anderen Anbietern vorenthält
oder abjagt. Auf politischen Märkten braucht das Unternehmen Zuverlässigkeit in der Ausgestaltung der Rahmenbedingungen. Märkte für landwirtschaftliche
Erzeugnisse haben in den vergangenen Jahren große
Schritte weg vom politisch reglementierten hin zum
wettbewerblich geprägten Marktmodell erfahren. Die
Spielregeln von Wettbewerbsmärkten unterscheiden sich
deutlich von denen politischer Märkte. Hier zählen Kriterien und Anrechte, dort zählen Wettbewerbsstärke und
Unternehmer-Qualitäten.

Nicht nur auf den Absatzmärkten gilt das Verständnis
der Spielregeln als Voraussetzung zur erfolgreichen Teilnahme am Marktgeschehen. Auch auf den Bezugsmärkten gibt es Regelmäßigkeiten, deren Verständnis den
Erfolg bestimmen. Sowohl auf den Bezugs- als auch auf
den Absatzmärkten ist permanent Bewegung. „Globali-
sierung", die weltweite Zunahme der Verflechtungen
von Waren- und Dienstleistungsströmen, führt zu Ver-

änderungen in der Struktur der Märkte und der Größe
und Reichweite der Marktpartner. Landwirtschaft ist
eingebunden in eine Wertschöpfungsvernetzung von
großer Dynamik. Aufgabe des Unternehmens ist dabei,
Stabilität und Zuverlässigkeit zu organisieren:

- nach innen als attraktives Arbeits- und Lebensumfeld
  für diejenigen, die im Unternehmen und für es arbeiten,
- nach außen als nicht austauschbarer Bestandteil eines
  letztendlich weltweit verflochtenen Wertschöpfungs-
  netzwerks.

Drei V-Wörter der Wertschätzung

Leicht droht die Gefahr, austauschbar und von Wettbewerbern an den Rand gedrängt zu werden. Das gilt nicht
nur auf den Absatzmärkten, es gilt auch auf den Bezugsmärkten für die klassischen Produktionsfaktoren:

- für den **Boden**, der für die Landwirtschaft schon immer
  „zu knapp" war,
- zunehmend aber auch für **Kapital** und
- sicher auch für **Arbeitskräfte**.

Die Attraktivität als Partner für andere, die ein Unternehmen zu einem wertvollen und damit begehrten Mit-
spieler macht, folgt aus seiner **Vertrauenswürdigkeit**. Vertrauen, weniger der €, ist die wirkliche Währung in den
Außenbeziehungen z. B. im Verhältnis zur Bank oder zu
wichtigen Marktpartnern (siehe auch: Akerlof und Shiller 2009).
   Das zweite V-Wort ist **Verlässlichkeit**. Partner im Unternehmen und außerhalb des Unternehmens erwarten,
dass Qualitätsversprechen gehalten werden, dass gelie-
fert wird, was versprochen wurde. Verlässlichkeit schafft
Vertrauen, Unzuverlässigkeit zerstört es.
   Verantwortung heißt das dritte V-Wort. Verantwortung
zu übernehmen heißt, für die Folgen des Handelns ein-
zustehen, in guten Zeiten und in schlechten Zeiten.

Vertrauen, Verlässlichkeit und Verantwortung sind Unternehmensqualitäten, die beharrliche Aufbauarbeit erfordern. Sie folgen aus Handeln, nicht aus Reden. Aber sie sind rasch verspielt, wenn ihnen die erforderliche Aufmerksamkeit versagt wird.

Überzeugungen und Beziehungen innerhalb des Unternehmens und aus ihm heraus, die durch diese V-Wörter geprägt sind, sind tragfähiger und im besten Sinne „nachhaltiger" als Haltungen, die durch die Fokussierung auf ausschließlich den eigenen Vorteil, den schnellen Euro entstehen. Die V-Wörter zu pflegen und zu entwickeln ist die beste „Investition" in die Werthaltigkeit des eigenen Unternehmens. Sie schaffen eine deutliche Distanz zu einem Ruf der Extreme – zwischen Gleichgültigkeit, Nachlässigkeit, Schlitzohrigkeit oder Rambomanieren. Ihr Nutzen erstreckt sich auf alle Gestaltungsfelder der Unternehmensführung. Sie sorgen für:

Auf das Klima kommt es an!

- Zuversicht in die eigenen Zukunftsentwürfe, in Visionen und Ziele. Wenn Sie erfolgreich führen wollen, brauchen Sie einen gesunden Glauben in Ihre eigenen Überzeugungen – und den Glauben Ihrer Mitstreiter an Ihren Weg. V-Wörter sind geradezu unabdingbar, wenn Kooperationen und aktiv gestaltete (Wertschöpfungs-)Netzwerke zur Strategie der Wahl gehören.
- Stabile und entwicklungsfähige Beziehungen zu den Partnern auf Absatz- und Bezugsmärkten. Markterfolg funktioniert eben nicht nur über den Preis. Langfristige Beziehungen bewähren sich gerade in schwierigen Zeiten. Da wollen Sie – aber eben auch Ihre Partner – wissen woran Sie sind. Und auf den „Bezugsmärkten", zu denen ja auch die Bodenmärkte zählen, gilt das in gleichem Umfang. Glaubwürdigkeit zählt für den Verpächter, der vom sorgfältigen Umgang mit den langfristig überlassenen Flächen ausgehen will. Vielleicht gibt das den Ausschlag bei der Auswahl des Pächters oder auch beim Bodenverkauf. Der gute Ruf Ihres Unternehmens könnte rasch zum „geldwerten Vorteil" werden.

- Klare Verhältnisse zwischen allen, die etwas im Unternehmen zu sagen haben. Sei es zwischen Eigentümer, Chef, Mitglied der Unternehmerfamilie oder – und auch das kommt ja vor – Altenteiler.
- Eine Geschäftsbeziehung „auf Augenhöhe" mit der Bank. V-Wörter schaffen Glaubwürdigkeit, Glaubwürdigkeit zählt für den Kunden, der an die Qualität des Erzeugnisses glauben will. Glaubwürdigkeit zählt für den Mitarbeiter, der beim besten Arbeitgeber beschäftigt sein möchte. Glaubwürdigkeit zählt für die Bank, die den Kunden für kreditwürdig hält, dem sie glaubt, dass er den Kapitaldienst leisten kann und wird.
- Glaubwürdigkeit des Qualitätsversprechens der Erzeugnisse. Jedes Produkt, jede Dienstleistung, die nicht „gesichts-" bzw. „namenlos" auf den Markt geworfen wird, löst ein Qualitätsversprechen ein. Der Kunde glaubt daran, dass er die Qualität bekommt, die er bestellt, vereinbart und bezahlt hat. V-Wörter bilden die Brücke zwischen dem Versprechen und dessen Einhalten.
- Loyalität und Motivation der Mitarbeiterinnen und Mitarbeiter. Leben Sie Ihren Verbündeten in Ihrer Arbeit für den Erfolg im Unternehmen genau das vor, was sie von Ihnen erwarten können, dürfen und müssen: Loyalität, Zuverlässigkeit und Engagement für die gemeinsamen Ziele. Das sind die Früchte einer Personalführung, die in ihrem Wesen von den V-Wörtern getragen wird.
- Sicherheit und Qualität schaffende Produktionsverfahren. Warten Sie nicht erst auf QM, QS, ISO oder DIN. Warten Sie erst recht nicht auf den Gesetzgeber und die Ordnungshüter. Wenn Ihnen die Nachhaltigkeit der Produktionsverfahren am Herzen liegt, tun Sie etwas für den Erfolg und die Wertentwicklung Ihres Unternehmens. Das stärkt in Wechselwirkung die V-Wörter.
- Entwicklungsmöglichkeiten am Standort und mit den erforderlichen Ressourcen. Die Öffentlichkeit sieht immer genauer hin, wenn sich etwas tut auf dem Bau-

ernhof. Genehmigungshürden werden komplexer und höher, Betroffene werden sensibler, Verfahren dauern länger. Die V-Wörter können helfen, eine Beziehungsgrundlage zu Beteiligten zu etablieren, die es erlaubt, Sachfragen sachlich zu behandeln – gerade in emotional aufgeladenen Themen wie Tierhaltung, Tierschutz, „gefühlte Emissionen", Gentechnik, Monokulturen und ähnlichen ist das keineswegs selbstverständlich!

• Die Möglichkeit, Innovationen zu wagen. Zur Natur von Innovationen gehört es auszuprobieren, aus Fehlern zu lernen. In der Regel braucht es dazu Partner, die bereit sind mit in dieses Risiko zu gehen. Aus den V-Wörtern folgt ein Innovationsumfeld von Fairness. Im Vertrauen auf geteilten Nutzen im Erfolgsfall – d. h. alle Beteiligten profitieren von einem Markt-, Effizienz- oder Wissensvorsprung – lässt sich auch das Risiko von Verlusten teilen.

Sie können die V-Wörter zu den „soft Factors" zählen. Das sind die weichen Erfolgsfaktoren, die sich kaum in Zahlen fassen lassen und die nur schwerlich zu greifen sind. Mit dieser Zuordnung würden Sie den Grundlagen guter Geschäftsbeziehungen nach innen und nach außen nicht gerecht. Der ökonomische Begriff für die Effekte, die mit dem Grad der Abwesenheit der V-Wörter ansteigen, lautet **Transaktionskosten**. Transaktionskosten entsprechen den Aufwändungen, die bei der Anbahnung, beim Aushandeln und bei der Ausführung bzw. Durchsetzung von Verträgen anfallen, die sich also auf die Transaktion als solche beziehen (Picot und Dietl 1990).

Diese Kosten können ihrer Natur oder der Höhe nach so bedeutsam werden, dass an sich sinnvolle Geschäfte unterbleiben oder Kooperationen nicht zustande kommen. Ganz besonders dort, wo die positiven Wirkungen gemeinsamer Anstrengungen nicht eindeutig messbar und zuzuordnen sind, verhindern die Transaktionskosten nutzbringende Aktivitäten. Wenn „Trittbrettfahrerei" möglich ist, finden sinnvolle Maßnahmen statt bzw. sind aufwändige Gegenmaßnahmen zu ergreifen, damit überhaupt etwas entsteht. Transaktionskosten werden in Bürokratie und Sicherheitsaufwand, in Kontroll- und Rechtskosten wirksam.

Reden ist Silber – Handeln ist Gold

Talk is cheap. Zu Deutsch: Reden ist Silber, Handeln ist Gold. Die V-Wörter gibt es nicht „umsonst". Sie sind das Ergebnis eines über die Zeit und auch über Wechselfälle des Lebens hinweg fairen Umgangs mit Partnern und Mitarbeitern.

Diese Atmosphäre der Fairness zu pflegen kann den Verzicht auf den schnellen Euro bedeuten, wenn damit ein Marktpartner oder Mitarbeiter in eine strategische Win-Lose-Situation gedrängt und diese dann auch ausgenutzt würde. Win-Lose-Situationen sind solche, in denen nicht alle Beteiligten Vorteile erzielen sondern einer Nachteile ertragen müsste. Dem gegenüber erfüllen Win-Win-Situationen Minimalbedingungen für vertrauensvolles Zusammenarbeiten. Alle Beteiligten haben etwas davon. Zudem braucht faire Kooperation eine angemessene Kommunikation. Ihre Geschäftspartner sollten Ihre Fairnessgrundsätze nicht nur verspüren, sondern auch von ihnen erfahren. Das ist eine der Aufgaben der „Öffentlichkeitsarbeit" Ihres Unternehmens.

Da Aufbau und Pflege der V-Qualitäten Ihrer Geschäftsbeziehungen aufwändig ist, sollten Sie gründlich prüfen, welcher Ihrer Geschäftspartner dafür „qualifiziert" ist.

Von wem können Sie ein vergleichbares Maß an Loyalität im geschäftlichen Umgang erwarten?

Bei wem können Sie sich darauf verlassen, dass Sie Ihrerseits fair behandelt werden und Ihr Vertrauensvorschuss nicht „veruntreut" wird?

Achten Sie bei Ihrer Auswahl von Mitarbeitern darauf, dass sie Ihre Loyalität rechtfertigen. Mögliche Bewerber, denen Sie das nicht zutrauen, müssten schon ganz besondere Qualifikationen aufweisen, um dieses gravierende Manko in Kauf zu nehmen. Besonders dann, wenn Sie mehrere Mitarbeiter haben, ist eine Atmosphäre des Misstrauens, der Unzuverlässigkeit und der Verantwortungsverweigerung einfach keine Option.

Legen Sie als Unternehmer Wert auf die V-Wörter in den einzelnen Gestaltungsbereichen der Unternehmensführung ebenso wie in der Unternehmensführung im Ganzen. So schaffen Sie die Voraussetzungen für nachhaltig vertrauensvolle, verlässliche und verantwortungsbewusste Beziehungen nach innen und nach außen.

Wie gestalte ich mein Unternehmen selbst?

Das Unternehmen gestalten heißt, Verantwortung zu übernehmen für Veränderung. Wettbewerbsvorteile entstehen dadurch, besser, schneller, beweglicher, auf jeden Fall aber anders zu sein als die anderen; sei es durch Kosten- oder durch Qualitätsvorsprünge. Nur Verwalten reicht nicht. Dinge festzuhalten, die scheinbar bewährt sind, bedeutet nur durchzuhalten.

Sei anders

„Schöpferische Zerstörung" gilt seit Mitte des vergangenen Jahrhunderts und dem Ökonomen Joseph Schumpeter zufolge als Treiber der Veränderung und Wirtschaftsentwicklung.

Unternehmensführung – Management

Schumpeter war es auch, der die Unterscheidung zwischen Unternehmensführung und Management herausgearbeitet hat; Begriffe, die im allgemeinen Sprachgebrauch hin und wieder synonym verwendet werden. Der Begriff der Unternehmensführung geht auf die Person des Unternehmers zurück, idealerweise bis auf den Gründer, der Ziele für das Unternehmen setzt und sie in die Tat umsetzt. Dem gegenüber steht hinter dem Begriff des Managements die „Verwaltung", die zielorientierte Ausrichtung eines Unternehmens und die Leitung im Sinne der Ziele. Die Verwandtschaft zur Verwaltung wird auch in dem englisch-sprachigen Titel für die

Der kleine aber feine Unterschied: Unternehmensführung oder Management

Betriebswirtschaftslehre „Business Administration" sichtbar. Manager „berichten", Manager arbeiten mit Zielen
innerhalb eines – beispielsweise durch die Unterneh-
menseigentümer bzw. Gesellschafter - vorgegebenen
Rahmens. Sie setzen die Ziele weniger als dass sie sie
erfüllen. Sie wirtschaften im Rahmen von Budgets.

Wirtschaft ist ein Prozess, in dem sich nicht nur Nachfrage und Faktorangebot verändern, sondern auch Pro-
duktionstechnologie und Produkte. Diese Veränderungen heißen **Innovationen**. Sie folgen aus der Erprobung
und Etablierung von Neuem durch entschlossen han-
delnde Unternehmer. Dabei ist der Neuigkeitswert kein
absoluter sondern immer relativ. Es reicht, irgendwo
vorhandenes Wissen oder Können in den eigenen
Betrieb zu holen und einzusetzen.

Ökonomisch gesprochen heißt der daraus folgende
Appell: Verändere die Produktionsfunktion! Sei es durch
neue Erzeugnisse und Dienstleistungen, sei es durch
neue Kombinationen der Produktionsfaktoren, sei es
durch deren effizientere Nutzung. Im idealen Wettbe-
werbsmodell entscheidet der Unterschied, mit dem es
dem Unternehmer gelingt, sich von den Mitbewerbern
abzuheben. Sei AAA! Dieses „Anders als Andere"-Krite-
rium unterscheidet den zukunftsorientierten Unternehmer vom bewahrenden Verwalter.

Der umsichtige und erfahrene Unternehmer weiß
indes, wie flüchtig der AAA-Vorteil ist. Wenn der Unterschied lohnt, lockt er Nachahmer an; solange und so
viele, bis der Unterschied eingeebnet ist. Nutzen Sie als
innovativer Unternehmer Ihren Vorteil solange Sie ihn
haben und bleiben Sie eine Nasenlänge vor dem Verfol-
gerfeld.

Die nächsten drei Jahre

Die vergangenen 300 Jahre mögen wichtig sein für Ihr
Unternehmen – die kommenden drei Jahre sind aber mit
Sicherheit wichtiger. Über Generationen gewachsene
Höfe sind zu recht stolz auf ihre Tradition. Häufig bietet

diese Tradition auch einen wichtigen Pfeiler für die oben erwähnten V-Wörter, die das Unternehmen zu einem wertvollen Partner auf seinen Märkten machen. Ein klarer Wettbewerbsvorteil in vielerlei Hinsicht – aber eben keine Garantie für den Erfolg. Steigende Investitionen, der dazu gehörende Finanzierungsbedarf, wachsende Anforderungen an Marketing und Produktionstechnik, gegebene Knappheiten der Flächenverfügbarkeit und zunehmende Notwendigkeiten qualifiziertes Personal zu gewinnen und zu halten, steigern die Risiken im Falle von Fehlentscheidungen. Die Fehlertoleranzgrenze bei unternehmerischen Entscheidungen ist enger geworden.

Schreiben Sie Ihre eigene Geschichte

Dazu kommt: Die Anlaufphase bei Wachstumsschritten in neue Betriebszweige oder neue Produktionstechnologien braucht Zeit. Überfordern Wachstumsschritte ein Unternehmen, wird das zuweilen erst dann sichtbar, wenn es bereits kritisch ist. Häufig benötigen Investitionen, insbesondere in Innovationen, drei und mehr Jahre, bis der Erfolg sich nachhaltig einstellt. Hier zahlen sich die V-Wörter aus.

Fünf persönliche Eigenschaften des Unternehmers sind die bewährte Basis, Erfolg auf den Grundlagen aus der Vergangenheit systematisch zu organisieren und zu unterstützen. Diese Eigenschaften garantieren den Erfolg (noch) nicht, aber sie fördern und unterstützen ihn:

- Die Fähigkeit zum klaren und ehrlichen Blick auf das Unternehmen und sein Umfeld.
- Die Kreativität, motivierende Ziele zu setzen.
- Die Weitsicht, Wege zu beschreiten, die zuverlässig zum Ziel führen.
- Das Geschick und die Begeisterungsfähigkeit die erforderliche Unterstützung zu gewinnen.
- Die Disziplin, den Weg zum Ziel laufend auf Erfolge, Richtung und Geschwindigkeit zu überprüfen.

Das Unternehmenshaus

Wer anpacken will, muss wissen wo. Wer Bewegung will, muss begreifen wo er steht – und eine Richtung wählen. Wer sich verbessern will, muss verstehen wo er gut ist – und wo nicht. Wer Erfolg will, muss die Chancen erkennen – und darf die Risiken nicht übersehen. Grundlage für alles, was im Unternehmen geschieht und geschehen soll, für alles, was sich ändern soll und auch für alles, was bleiben soll wie es ist, ist eine realistische und ehrliche Einschätzung der Situation wie sie wirklich ist. Darüber hinaus braucht erfolgreiche Unternehmensführung laufend den Überblick über das Tagesgeschäft und die strategischen Entwicklungen.

Aber: Ein Unternehmen ist ein komplexes Gebilde. Alles hängt mit allem zusammen – irgendwie. Nutzen Sie das Modell des „Unternehmenshauses", um die Gestaltungsbereiche und Handlungsfelder der Unternehmensführung jederzeit im Blick zu behalten. Es macht den „abstrakten" Gegenstand „Unternehmensführung" konkreter und hilft Ihnen dabei, Ihr Unternehmen strukturiert unter die Lupe zu nehmen. So können Sie „hot Spots", d. h. Brennpunkte der Unternehmensentwicklung identifizieren. Dieses Kapitel stellt das Unternehmenshaus vor. Die Standortanalyse entspricht einer Lagebeurteilung. Sie deckt Entscheidungs- und Handlungsbedarf und -möglichkeiten auf. Tatsächlich ist Erkenntnis die Voraussetzung für Veränderung und – vor allem – Verbesserung.

Das Unternehmenshaus: Überblick behalten, auch wenn es ins Detail geht.

Das Unternehmenshaus hat neun „Zimmer". Sie stehen für die unterschiedlichen Bereiche der Unternehmensführung. Diese neun Zimmer entsprechen den

Kapiteln eines Businessplans, eines Geschäfts- bzw. eines Betriebsentwicklungsplans.

Im Unternehmenshaus-Sprachbild ist der Unternehmer der Hausherr. Er hat dafür zu sorgen, dass Ordnung herrscht im Haus, dass es solide gebaut ist, dass es aufgeräumt und vorzeigbar ist – und dass „das Haus bestellt" ist, damit das Unternehmen zum Ende des eigenen Berufslebens geordnet in andere Hände übergeben werden kann.

Wie in einem richtigen Haus gibt es auch im Unternehmenshaus Aufgaben unterschiedlicher Reichweite. Einerseits gibt es das Tagesgeschäft, in dem es darum geht, dass der Laden läuft. Andererseits sind aus übergeordneter Perspektive Fragen von grundsätzlicher Bedeutung zu beantworten. Das erstere, das Tagesgeschäft, unterliegt der **operativen Unternehmensführung**, das zweite, die Grundsatzaufgaben, gehört in die **strategische Unternehmensführung**.

Das Modell des Unternehmenshauses hilft Ihnen dabei,

- jederzeit die Gestaltungsbereiche der Unternehmensführung umfassend im Blick zu behalten,
- systematische, das gesamte Unternehmen erfassende Stärken-Schwächen/Chancen-Risiken-Bewertungen und -Profile zu erstellen,
- Ansatzstellen für die strategische Unternehmensentwicklung zu erkennen und entsprechende Impulse auch zu setzen,
- Controlling-Konzepte treffgenau aufzubauen, anzupassen und zu aktualisieren,
- nach innen und nach außen zu kommunizieren: Aufgaben zu delegieren und Informationen zu sortieren,
- strukturiert Kooperationen vorzubereiten und zu managen, indem diese Bereiche spiegelbildlich, d. h. aus der Perspektive der Kooperation, auf Kompatibilität, Komplementarität, Synergien oder Unverträglichkeiten überprüft werden.

Abb. 1
Das Unternehmens-
haus und seine
Zimmer

Märkte & Marketing	Entscheidung & Verantwortung	Konten & Kassen
Produkte & Leistung	Ziele & Strategie	Personal & Arbeit
Verfahren & Abläufe	Standort & Ressourcen	Wissen & Innovation

Der Vorteil des Unternehmenshaus-Modells: Sie arbeiten „ganzheitlich" und systemisch. D. h. Sie fokussieren Ihre Bewertung zwar auf Teile des Ganzen, verlieren dabei jedoch nicht den Blick auf den Gesamtzusammenhang. Beginnen Sie den Rundgang durch Ihr Unternehmenshaus in Ihrem Zimmer „Ziele und Strategie". Hier setzen Sie die Maßstäbe für das Große und Ganze. Hier dürfen Sie „wollen". Die Grundsatzentscheidungen in diesem Bereich sind das Zentrum des Hoheitsgebietes unternehmerischer Entscheidungsfreiheit. Der Umgang mit den Gestaltungsaufgaben in allen anderen Zimmern hängt maßgeblich ab von den Grundsatzorientierungen, die Sie in Vision, Mission sowie in Zielen und Basisstrategien zum Ausdruck bringen. Gehen Sie von hier aus Zimmer für Zimmer durch Ihr Unternehmenshaus und nehmen Sie Ihre Aufgaben als Hausherr wahr.

Sie werden rasch erkennen, dass die Zusammenhänge in Ihrem Unternehmen so komplex sind, dass Sie sie nicht jederzeit trennscharf in diese Zimmer „sperren" können. Selbstverständlich ist immer mal wieder abzuwägen, in welches Zimmer ein Sachverhalt gehört. Zu berücksichtigen ist, dass es vielfältige Wechselbeziehungen zwischen den Zimmern gibt. Im Unternehmenshaus kommt es weniger auf Abgrenzung und Trennschärfe an als vielmehr auf die ganzheitliche Sicht und den ständigen Überblick über die Aufgaben und die Qualität ihrer Wahrnehmung.

Ziele und Strategie: Wissen, wohin die Reise führen soll

Sieben Aufgaben im Überblick:

- Schaffe einen verlässlichen Orientierungsrahmen!
- Gib der Unternehmensentwicklung eine Richtung!
- Plane alternative Wege zum Ziel!
- Formuliere (Qualitäts-)Anforderungen, wie das Ziel zu erreichen ist!
- Bestimme Erfolgskriterien für das Unternehmen!
- Triff unternehmerische Entscheidungen!
- Übernimm unternehmerische Gesamtverantwortung!
- Gib dem Unternehmen eine Identität!

Orientierung

Das Zimmer „Ziele und Strategie" ist im Zentrum des Unternehmenshauses lokalisiert. Hier ist die Steuerungszentrale des Großen und Ganzen.

Archimedes

Dem Philosophen Archimedes wird die Aussage zugeschrieben „Gib mir einen Punkt im Universum. Dann kann ich die Welt aus den Angeln heben". Wenn es einen solchen Punkt auch für ihr Unternehmen geben soll, finden Sie ihn in diesem Aufgabenbereich der Unternehmensführung, im zentralen Zimmer des Unternehmenshauses. Hier kann der „freie" unternehmerische Gestaltungswille als Orientierung in Form von Visionen, Missionen und Zielen für das Unternehmen als Ganzes wirksam werden. Hier setzen Sie als Unternehmer die Maßstäbe für die strategischen Entscheidungen in den einzelnen Gestaltungsbereichen der Unternehmensführung. Ohne klare Ziele ist Unternehmensführung wie eine Reise ins Ungewisse. Es fehlte die Orientierung, Erfolg wäre Glückssache. Ziele bedürfen der Formulierung, klarer Erkennbarkeit und realistischer Erreichbarkeit. Wer mit dem Koffer am großen Bahnhof steht, braucht Klarheit: Viele Gleise, viele Züge, viele mögliche Ziele. Wer den Überblick verloren hat, findet sich in irgendeinem Zug auf der Fahrt nach irgendwohin wieder. Das funktioniert nicht am Bahnhof und es funktioniert nicht im Unternehmen. Formulieren Sie Ziele schriftlich aus, um Fortschritte auf dem Weg zum Ziel messbar machen zu können, um Ziele in Teil- und Zwischenziele einteilen zu können, um mögliche Konflikte mit anderen, betrieblichen oder außerbetrieblichen Zielen identifizieren und Vorfahrtsregeln einziehen zu können.

Um Orientierung zu schaffen, muss ein Zielsystem her, in dem sich die Vorstellungen über die Zukunft widerspiegeln. Es muss zu den Werten passen, die das Unternehmen ausmachen. Die Vorstellungen über die Zukunft sind das Rohmaterial für eine Vision. Die Vision als „unbestimmtes", offenes Bild zukünftiger Gegebenheiten hilft, Richtung und Zeithorizont für die Entwicklung des Unternehmens ins Auge zu fassen. Sie enthält die Elemente, die dem Unternehmen in der Zukunft wesentlich sind. Eine Vision muss also in dem Sinne offen sein, dass sie mit unterschiedlichen Inhalten ausgefüllt werden kann – und auch unterschiedliche Wege ermöglicht ihr Stück für Stück näher zu kommen.

Eine Vision muss offen sein.

Die Werte des Unternehmens werden in der „Mission" zusammengeführt: Die Mission beantwortet die Frage, wofür das Unternehmen steht. Gelten die Grundsätze der ordnungsgemäßen Landwirtschaft, des tüchtigen Landwirts, des ehrbaren Kaufmanns? Oder gelten Grundsätze des schnellen Euro, des Wachsens um jeden Preis oder der rigiden Geschäftstüchtigkeit ohne Rücksicht auf Verluste (der Anderen)?

Mission und Vision spiegeln nicht nur unternehmerische und betriebliche sondern auch persönliche Grundhaltungen und Wertvorstellungen wieder, die den Unternehmer ausmachen.

Beispiele: Betone ich mehr die Tradition oder die Innovation – oder ist die Formel „Tradition PLUS Innovation" handlungsleitend für meinen unternehmerischen Ansatz?

Arbeite ich um zu leben oder lebe ich um zu arbeiten – oder strebe ich gemeinsam für **und** mit meiner Familie eine ausgeglichene „Work-Life-Balance" an? Welchen Zweck hat mein unternehmerisches Handeln aus der Sicht von oben, der Vogelperspektive?

Vision und Mission bilden den Rahmen, in den Unternehmensziele einzupassen sind. Jedes Unternehmen hat sie – ausformuliert und ausgesprochen oder unausgesprochen. Sie bilden einen Rahmen, der als „Leitbild des Unternehmens" dessen Selbstverständnis abbildet. Sie als Unternehmer sind gefordert, diesen Rahmen so zu setzen, dass er zum Unternehmen passt – und dass das Unternehmen zum Rahmen passt.

Richtung weisen: SMART

Unterhalb des Leitbildes sind die strategischen Ziele zu formulieren. Strategische Ziele sind diejenigen, die „über den Tag hinaus" gültig sind. Sie haben eine längerfristige, oft mehrjährige Perspektive. In strategischen Zielen konkretisieren sich die noch unbestimmten Elemente der Vision zu messbaren Marken. Messbarkeit ist eines von fünf SMART-Kriterien, die gut formulierte Ziele ausmachen:

> Wissen, wo Sie stehen – Wissen, wohin Sie gehen

S steht für **Selbstverantwortet**.
Ziele verlangen unternehmerisches Verantwortungsbewusstsein. Anders herum: Es bringt nichts, Ziele zu stecken, deren Erreichung nicht in der eigenen Verantwortung liegt. Das ist Voraussetzung dafür, aktiv Strategien zu wählen und Maßnahmen zu ergreifen, mit

deren Hilfe das Unternehmen seinem Ziel tatsächlich näher kommt.

M steht für **Messbar.**
Erst die Messbarkeit macht Ziele erreichbar. So wie der 100-Meter-Läufer den weißen Querstrich auf der Aschenbahn benötigt, um zu erkennen, wie weit es noch ist bzw. wann das Rennen zu Ende ist, brauchen Unternehmer und Unternehmen klare Weg- und Zielmarken.

A steht für **Aktivierend** – und aktiv formuliert.
Aktivierend sind solche Ziele, die den Einsatz lohnen. Einsatz findet in Form persönlichen Engagements, der Unterstützung von Mitarbeitern und Partnern, vor allem aber auch in Form knapper Ressourcen statt, etwa Zeit oder Kapital. Es ist ein ökonomisches Leitprinzip, dass Ertrag und Aufwand in einem gesunden Verhältnis zueinander stehen müssen. Wer messbaren Aufwand treibt, sollte messbare Ziele damit erreichen können. Ein aktivierendes Ziel ist auch „aktiv" und positiv formuliert. Es gilt die Weisheit: Wer sagt, was er will, bekommt, was er will. Wer sagt, was er nicht will, bekommt, was er nicht will.

R steht für **Realistisch.**
Ein Wolkenkuckucksheim ist keine Unternehmens-Perspektive. Ziele müssen in Reichweite sein.
 Andererseits gilt: Ein gutes Pferd springt nicht höher als die Latte liegt. Der Korridor, innerhalb dessen Ziele zu formulieren sind, verläuft also zwischen optimistisch, aber realistisch und realistisch, aber trotzdem anspruchsvoll.

T steht für **Terminiert.**
In der Politik gibt es einen bewährten Rat für Prognosen: Nenne entweder eine konkrete Zahl, dann sag aber nicht, wann sie erreicht sein soll, oder nenne einen Zeitpunkt, aber dann sag keine konkrete Zahl dazu.

Diese Hintertür steht dem Unternehmer bei der Zielbestimmung nicht offen. Erst beides zusammen, messbare Werte und bestimmte Zeitpunkte, machen ein Ziel aus.

Aus den strategischen Zielen leiten sich die operativen Ziele ab, die dem Tagesgeschäft Struktur geben. Strategische Ziele und operative Ziele bauen sich zu einer Hierarchie aus Ober- und Unterzielen auf, die sich wiederum in verschiedene Ebenen untergliedern. Klar ist, dass diese Ziele nicht automatisch widerspruchsfrei sind. Sie können vielmehr auf unterschiedliche Art miteinander in Beziehung stehen: Sie können in dieselbe Richtung wirken, sie können einander ausschließen, sie können um knappe Ressourcen konkurrieren oder sie können voneinander unabhängig sein.

Mit dem Begriff „Management by Objectives", also „Führung durch Ziele", räumt die wissenschaftliche Auseinandersetzung mit der Unternehmensführung den Zielen eine zentrale Rolle ein (Drucker 2009). Eine wichtige Funktion erfüllen SMART-Ziele dadurch, dass sie allen Beteiligten an einer Aufgabe einen aussagestarken Indikator anbieten, wann die Aufgabe erfüllt ist – und inwieweit sie zu umfassender Zufriedenheit erfüllt ist.

Darin besteht der Unterschied zwischen Aufgabe und Ziel: Die Aufgabe eines Hundertmeter-Läufers ist es, die festgelegte Strecke möglichst schnell – und möglichst schneller als seine Wettstreiter – zurückzulegen. Das Ziel ist ein weißer Querstrich auf der Aschenbahn, der exakt bei der Hundertmeter-Marke aufgetragen ist und an dem die Zeitmesseinrichtung angebracht ist: Der Läufer läuft solange, bis er im Ziel ist. Der Mitarbeiter, das Team, arbeitet solange an seiner Aufgabe, bis das Ziel erreicht ist.

Wege zum Ziel

Ziele zu setzen ist das eine, sie zu erreichen ist etwas anderes. Der Weg zum Ziel heißt **Strategie**. Zumeist gibt es verschiedene Wege, ein Ziel zu erreichen. Um aus diesen Alternativen die beste auszuwählen, bedarf es Kriterien. Eine Zugfahrt von München nach Hamburg ist mit verschiedenen Zugtypen möglich. Neben dem schnellen ICE gibt es preiswerte Regionalzüge, es gibt die Möglichkeit landschaftlich schöne Strecken zu fahren oder Zwischenstopps einzulegen. Und so ist es im Unternehmen: Kurze aber unbequeme, schnelle aber teure, schöne aber zeitaufwändige Strategien zum Ziel stehen üblicherweise zur Auswahl.

Strategien genügen unterschiedlichen Kriterien:

- schnell,
- kostengünstig,
- mit eigenen Mitteln,
- unter Zuhilfenahme fremder Mittel,
- im Alleingang,
- in Kooperation,
- mit hohen oder einfachen Qualitätsanforderungen u. a. m.

Vor der Auswahl der Strategie steht die Klarheit über die zum Unternehmen passenden Kriterien. Hinweise darauf finden sich in der Vision und in der Mission des Unternehmensleitbildes.

Strategie

Strategisches Entscheiden und Handeln beziehen sich nicht nur darauf, die Unternehmensziele IM Unternehmen zu verfolgen. Es gilt auch Wege zu finden, sie MIT anderen Partnern im Unternehmensumfeld oder GEGEN Wettbewerber um Marktanteile um Absatz- oder Beschaffungsmärkten zu verfolgen und zu erreichen. Dabei kommt es darauf an, das eigene Handeln und das voraussichtliche Handeln der Partner in win-win-Situationen zu überführen. Gegenüber Wettbewerbern bedeutet strategisches Handeln, sich mit Blick auf die Gesamtsituation faire Vorteile zu verschaffen. Solche Vorteile lassen sich aus Informationsvorsprüngen, Situationsanalysen und Einschätzungen herleiten.

Ein bekanntes Beispiel strategischen Handelns besteht in antizyklischen Investitionsentscheidungen. Ausweislich des sogenannten Agrarbarometers vom Deutschen Bauernverband sowie „Produkt und Markt", mit dessen Hilfe regelmäßig die Stimmung und Investitionsneigung in der deutschen Landwirtschaft erfasst werden, gibt es eine Tendenz, Investitionsentscheidungen von Preissituationen auf den Absatzmärkten und den aktuellen politischen Rahmenbedingungen abhängig zu machen.

Ein brisanter Zusammenhang: Investitionsentscheidungen sind Entscheidungen mit Wirkung in der Zukunft. Sie bestimmen üblicherweise das wirtschaftliche Geschick eines Unternehmens über einen längeren Zeitraum der kommenden Jahre mit. Dabei können Preissituationen aus Vergangenheit und Gegenwart nur begrenzt wertvolle Entscheidungsmaßstäbe liefern. Da, wo sich aus der Vergangenheit und Gegenwart Informationen gewinnen lassen, die mit hinreichend hoher Wahrscheinlichkeit auch in der Zukunft so eintreten, sind sie als unmittelbare Entscheidungsgründe hilfreich. Wer strategisch entscheidet, macht also nicht das kurzfristige konjunkturelle Umfeld zur Grundlage seiner Investitionsentscheidungen, sondern die mittel- und langfristigen Ertrags- und Aufwandserwartungen seines Unternehmens. Das kann dazu führen, eben nicht MIT dem Investitionszyklus der Branche zu investieren, sondern, im Gegenteil, gegen diesen Zyklus: Nicht also dann zum Investitionsgüteranbieter (Traktorhändler) zu fahren, wenn die anderen sich dort bereits auf Wartelisten haben setzen lassen und entsprechende „Boomaufschläge" Nachfrageüberhänge ausweisen.

Es kann umgekehrt richtig sein, in ertragsstarken, erfolgreichen Zeiten das Pulver trocken zu halten, die Finanzierungsstruktur des Unternehmens zu pflegen und erst dann, wenn das konjunkturelle Umfeld – und das Agrarbarometer – sich eintrüben, aus einer deutlich stärkeren Verhandlungsposition heraus auf den Händler zuzugehen. Der Kaufmann weiß: Im Einkauf liegt der Gewinn. Investieren ist „Einkaufen". Preis- und daraus folgend (investitions-) dauerhafte Kostenvorteile lassen sich erzielen, wenn aus vollen Lagern abverkauft wird. Nicht dann, wenn preistreibende Angebotsengpässe den Markt bestimmen.

Spiel ohne Ball: Strategisches Handeln für Profis

Strategisches Handeln heißt hier, die Entscheidungen und Handlungen der Kollegen daraufhin abschätzen, ob und wann sie ihr Investitionsmaßnahmen tätigen. Antizyklisches strategisches Handeln sieht dann häufig aus wie Untätigkeit. Tatsächlich entspricht sie dem, was im Fußball „Spiel ohne Ball" genannt wird: Das gesamte Spielfeld in den Blick nehmen und sich in eine Position bringen, in der man dann, wenn sich Chancen ergeben, frei agieren und „sein Tor" machen kann.

Steht die Strategie, ist es an der Zeit, Maßnahmen zu ergreifen, um den Weg tatsächlich zu beschreiten.

Zielorientierte Maßnahmen unterliegen ihrerseits wieder einer Planung, Steuerung und Kontrolle. Diese Elemente eines Controlling-Konzepts unterstützen die Unternehmensführung, indem sie die Entscheidungsvorbereitung, Maßnahmenplanung und Erfolgskontrolle erleichtern bzw. ermöglichen.

Es ist die Aufgabe der Unternehmensführung, Leitbild, Ziele, Strategien und Maßnahmen zu formulieren und zu veranlassen. Aufgabe des Controlling ist es, die zielorientierte Umsetzung der Strategien und Maßnahmen zu planen, zu steuern und laufend zu überprüfen. Ein umfassendes Controlling-Konzept, das nicht nur die produktionstechnischen Zusammenhänge in den Blick nimmt und die Effizienz der Arbeitsverfahren optimiert, gewinnt mit zunehmender Marktabhängigkeit des Unternehmenserfolgs an Bedeutung. Es muss in der Lage sein, neben der Produktionstechnik auch die ökonomische und die finanzwirtschaftliche Dimension der Unternehmensführung zuverlässig planen, steuern und kontrollieren zu können.

Erfolgskriterien: € geht immer

Schon die wesentlichen Merkmale der Legaldefinition des Unternehmens (Einnahmen bzw. Gewinn erzielen) legen nahe, dass Erfolg in € messbar ist. Aber Gewinn in € ist bei weitem nicht die einzige Messgröße für Unternehmenserfolg. Weitere unmittelbare Kriterien können bspw. Marktpositionen, Produktqualitäten wie z. B. Öko- oder Qualitätsprogramm-Siegel oder züchterische Exzellenz sein. Mittelbare Kriterien für Erfolg können z. B. in der Lebensqualität aus dem Freiraum eines Unternehmers oder im Engagement für ehrenamtliche Aufgaben liegen. Schließlich können auch gänzlich außerhalb des Unternehmens liegende Anforderungen zu Qualitätskriterien für unternehmerischen Erfolg werden. Beispiele dafür sind Zeit für Familie und Privates. Insbesondere vor dem Hintergrund der Wachstumsschwellen, an die dynamische Unternehmen immer wieder stoßen, gewinnt das Kriterium der „Zeithoheit" an Gewicht. Fazit: Am € als Erfolgsmaßstab führt einerseits kein Weg vorbei, wer aber keine anderen Kriterien für den Unternehmenserfolg kennt, übersieht andererseits jedoch Wesentliches.

Entscheidungen treffen

Entscheiden ist das Kerngeschäft des Unternehmers. Entscheidungen zu treffen ist kein Momentereignis, es ist ein Prozess. Im Zentrum geht es um die Auswahl einer Entscheidung aus mehreren Alternativen. Das ist der entscheidende Moment des Entscheidungsprozesses. Eine Entscheidung **für eine** Alternative aus einer Auswahl von Möglichkeiten ist in der Regel auch eine Entscheidung **gegen die anderen** Alternativen. Eine häufige Ursache für Entscheidungsschwäche ist der „Trennungsschmerz", der mit diesem Abschied von möglichen

Wasch mir den
Pelz ...

Alternativen verbunden ist. Das Bonmot „Wasch mir den Pelz, aber mach mich nicht nass" pointiert ein beliebtes Dilemma: Den Versuch, sich für das eine zu entscheiden ohne das andere damit zwangsläufig abzulehnen. Solcher Spagat führt selten zu vernünftigen neuen Lösungen und Kompromissen, meist jedoch zu Verrenkungen und Halbgarem.

Die Gliederung des Entscheidungsprozesses in drei Phasen ermöglicht einen unternehmerischen Umgang mit dieser Aufgabe:

- Phase I: Entscheidung vorbereiten.
- Phase II: Entscheidung fällen.
- Phase III: Entscheidung umsetzen.

Zur Phase I Entscheidungsvorbereitung gehört die präzise Beschreibung der Entscheidungsaufgabe. Worum geht es? Informationsbeschaffung hilft, eine klare Sicht auf die Fakten zu erhalten. Drei Fragen führen zu Kriterien für die Bewertung möglicher Alternativen.

- Welche Vorteile erwarte ich aus der Entscheidung?
- Welche „Risiken und Nebenwirkungen" sind zu beachten?
- Wie ist die Entscheidung zur Umsetzung zu bringen?

Treffen Sie jede
Entscheidung
so zügig, wie es
geht – aber
nicht zügiger!

Aus diesen Fragen ergibt sich eine Reihe von Kriterien. Schließlich sind die möglichen Alternativen, die zur Auswahl stehen, zu beschreiben und auf Vollzähligkeit zu prüfen.

Phase II prüft die Alternativen, bewertet sie und wertet die Ergebnisse der Auswahl aus.

In Phase III geht es um die Umsetzung der Entscheidung. Dabei kommt es darauf an, die Zufriedenheit zu sichern, entschlossen anzupacken und den Erfolg zu überwachen.

Für manchen besteht ein Widerspruch zwischen Denken und Handeln. Der Pragmatiker will die Ärmel aufkrempeln, anpacken und loslegen. Wer denkt bevor er

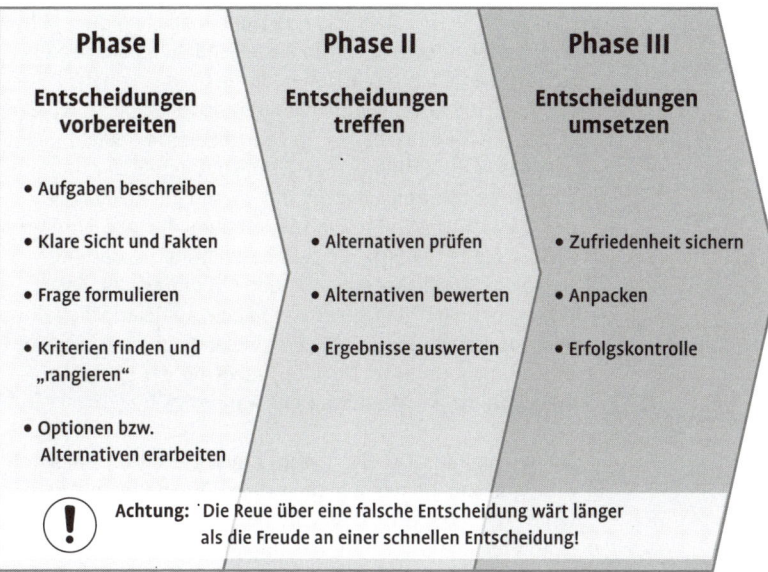

Phase I	Phase II	Phase III
Entscheidungen vorbereiten	**Entscheidungen treffen**	**Entscheidungen umsetzen**
• Aufgaben beschreiben		
• Klare Sicht und Fakten	• Alternativen prüfen	• Zufriedenheit sichern
• Frage formulieren	• Alternativen bewerten	• Anpacken
• Kriterien finden und „rangieren"	• Ergebnisse auswerten	• Erfolgskontrolle
• Optionen bzw. Alternativen erarbeiten		

(!) Achtung: Die Reue über eine falsche Entscheidung wärt länger als die Freude an einer schnellen Entscheidung!

Abb. 2
Der Entscheidungsprozess

entscheidet und handelt gilt leicht als verkopft und Theoretiker, als jemand der zaudert und zögert statt die Welt zu verändern. Richtig ist: Beides gehört zusammen. Durchdacht vorbereitete Entscheidungen sind besser als Schnellschüsse aus der Hüfte. Bedenken Sie darüber hinaus die Dauer, über die Sie mit der getroffenen Entscheidung werden leben müssen.

Bedenken Sie: Handeln ohne Denken droht zum Aktionismus zu verkommen. Denken ohne Handeln bleibt brotlose Kunst.

Kopfentscheidungen

Wo Entscheidungen nüchtern-rational zu fällen sind, kann eine Entscheidungsmatrix die Entscheidungsfindung systematischer und objektiver machen.

Sie treffen eine „Kopfentscheidung". Dazu sammeln Sie zunächst die für die Entscheidung und deren erwartete Folgen bedeutende Kriterien und gewichten sie. Die Kriterien bilden Zeilen. Zur Gewichtung bestimmen Sie Multi-

Der Weg zur eigenen Entscheidungsmatrix

plikatoren. Je wichtiger das Kriterium ist, desto höher fällt der Multiplikator aus. Tragen Sie anschließend die zur Auswahl stehenden Alternativen in die Spalten ein. In die Felder, die durch die Kriterien und die Alternativen gebildet werden, tragen Sie die Punktbewertung ein, die dem Beitrag der Alternative zur Erfüllung des gerade betrachteten Kriteriums entspricht. Multiplizieren Sie nun diesen Punktwert mit dem Gewichtungsfaktor und Sie erhalten den gewichteten Zielbeitrag der Alternative zum betrachteten Kriterium. Nachdem Sie alle Kriterien für jede Alternative auf diese Weise bepunktet und gewichtet haben, addieren Sie die gewichteten Punkte und Sie erhalten eine objektivierte Entscheidungsgrundlage: Die Alternative mit der höchsten Punktzahl ist die Alternative der Wahl.

Im Beispiel aus Tabelle 1 steht eine Investitionsentscheidung an. Zur Auswahl stehen zwei Alternativen: Ausbau der Milcherzeugung oder Einstieg in die Biogas-Produktion. Vier Kriterien sollen exemplarisch eine Rolle spielen: Die bereits vorhandene Erfahrung mit dem jeweiligen Betriebszweig, die Nutzung des vorhandenen Dauergrünlandes, die Risiko-Exposition, die sich mit der Produktionsrichtung verbindet sowie der Umfang der Neuinvestitionen dieses Vorhabens.

Das wichtigste dieser vier Kriterien ist dem Unternehmer in diesem Beispiel die bereits vorhandene Erfahrung mit dem Betriebszweig. Es erhält den Gewichtungsfaktor 4. Zweitwichtigstes Kriterium ist die Neuinvestition (Faktor 3), dann folgt die Risiko-Exposition (2) und schließlich die Grünlandnutzung (1).

Nun prüft der Entscheider jedes Kriterium für jede der Alternativen. Als bereits bisher Milchvieh haltender Betrieb bekommt die hier vorhandene Erfahrung die Höchstpunktzahl 5. Multipliziert mit dem Gewichtungsfaktor 4 ergibt das ein gewichtetes Maß von 20. Aufgrund vollständig fehlender Erfahrungen im Betreiben einer Biogasanlage bekommt diese Investitionsalternative die geringstmögliche Bewertung: 1 Punkt, d. h. keinerlei Zielbeitrag. Gewichtet ergeben sich 4 Punkte.

Tab. 1 Beispiel für eine Entscheidungsmatrix „Milch oder Biogas"				
Kriterium	Gewichtung	Milcherzeugung	Biogas	Alternative ...
Erfahrung	4	5 (20)	1 (4)	
Grünlandnutzung	1	5 (5)	2 (2)	
Risikoexposition	2	3 (6)	4 (8)	
Neuinvestition	3	48 (12)	1 (3)	
...				
Σ		17 (43)	8 (17)	

Auch beim Kriterium Neuinvestition liegt die Milcherzeugung vorne. Zwar ist die Neuinvestition erheblich geringer, da es sich im bereits bestehenden Betrieb tatsächlich um eine Erweiterungsinvestition handelt. Die Bepunktung ist deswegen höher, weil der Neuinvestitionsanteil niedriger ist. Bezüglich der Risikoexposition gewichtet der Entscheider in diesem Beispiel die stabilen Biogasentgelte als wenig riskant gegenüber dem schwankenden Marktpreis für Milch. Das Risiko steigender Kauf- bzw. Pachtwerte für die Maiserzeugung hält er in beiden Alternativen für gleichrangig. Daher ist unterm Strich in diesem Beispiel die Biogas-Erzeugung weniger risikoreich. Folglich ist sie aus der Risikoperspektive günstiger als die Milcherzeugung und bekommt einen höheren Punktwert. Im Beispiel ist die Investition in den Ausbau der Milcherzeugung deutlich attraktiver als die Biogas-Investition. Das zeigt sich sowohl in den ungewichteten (17:8) als auch – deutlicher – in den gewichteten Punkten (43:17). Diese objektivierten und klar messbaren Ergebnisse geben Hinweise auf die Lösung, die den wichtigsten Kriterien bestmöglich gerecht wird.

Aber Vorsicht: Diese Ergebnisse bereiten die Unternehmerentscheidung nur vor, sie ersetzen sie nicht!

Kopf oder Bauch

Tatsächlich dürften nur wenige Entscheidungen in dieser objektivierten Form und so rational getroffen werden. Entscheidungen sind auch subjektiven Einflüssen und individuellen Einstellungen und Verhaltensweisen unterworfen. Das ist legitim. Es kann erheblich zur Identität und Individualität des einzelnen Unternehmens beitragen, wenn Rationalität und Objektivität nicht die einzigen Grundlagen für Entscheidungsfindungsprozesse sind. Während objektivierte Verfahren zu Kopfentscheidungen führen, sind Bauchentscheidungen solche, die bewusst auf eine systematische und ausschließlich rationale Entscheidungsvorbereitung verzichten. Beides ist legitim. Wichtig für Sie ist zu erkennen und zu verstehen, inwieweit Sie noch im Bereich der Kopf- oder schon bei einer Bauchentscheidung sind (Heuser 2008). Neben den bewusst die Bauchentscheidung beeinflussenden Einstellungen und Verhaltensweisen gibt es auch Einflussfaktoren, die häufig – und manchmal fast unbemerkt – auf die Entscheidungssituationen einwirken. Drei bekannte „Störenfriede" sollen im Folgenden kurz vorgestellt werden:

- Gier
- Verlustangst
- Herdentrieb

Gier stellt sich gelegentlich ein, wenn es beispielsweise um Entscheidungen zum Verkaufszeitpunkt der Ernte auf Märkten mit stark schwankenden Preisen geht. Sie steht einer rationalen Marktbeobachtung und Handelsstrategie entgegen. Ihr Motto lautet „genug ist nicht genug". Es könnte ja sein, dass der Preis noch weiter steigt. Gier ist ein Treiber zum Maximieren statt zum Optimieren. Ein Gegenmittel, um die Gier zu überlisten besteht darin, nicht den höchsten Verkaufspreis der Saison anzustreben, sondern einen ausreichenden; nicht den maximalen Gewinn anzupeilen, sondern den optimalen. Der unterscheidet sich vom maximalen Gewinn dadurch, dass er Nebenziele einbezieht, die sich möglicherweise nicht in € ausdrücken lassen – aber trotzdem wertvoll sind.

    Verlustangst äußert sich beispielsweise darin, sich

schwerlich von verlustreichen Aktivitäten trennen zu können, die mit Investitionen in der Vergangenheit verbunden sind. Dann nämlich, wenn aus Furcht vor kleinen Verlusten große riskiert werden. Im Banker-Jargon gibt es zu diesem Phänomen das geflügelte Wort „dem schlechten Geld gutes hinterherwerfen." Wer zu lange auf überalterte Technik setzt, wer sich von Beteiligungen nicht trennen kann, deren Wert gesunken ist, wird Opfer der Konsequenzen von Verlustangst. Auch unfruchtbare Kooperationen, die von Misstrauen, Ärger und Bewegungslosigkeit geprägt sind, können durch Verlustangst angetrieben sein. Verlustangst führt dazu, Entscheidungen zu vermeiden, die zu einem „Abschreibungsbedarf" der Kosten aus der Vergangenheit, der „sunk Costs", der versenkten Kosten führen würden. Die Hoffnung stirbt zuletzt.

> Werfen Sie dem schlechten Geld nicht gutes hinterher.

Der **Herdentrieb** führt in der Entscheidungsfindung zu einer Orientierung nicht am eigenen Erkenntnisstand und Wissen sondern an dem, was „die anderen" tun. Es kommt zu einem Verzicht auf eigenständiges Denken und Entscheiden zugunsten der scheinbar bequemeren Option des Mitmachens. Die zugrundeliegende Annahme lautet: Wenn das alle machen, kann es nicht ganz falsch sein. Diese Annahme ist mutig und gelegentlich ihrerseits grundfalsch. Sie passt nicht in die Zeit einer unternehmergeprägten Landwirtschaft.

Vom Ich zum Wir: Die Gemeinschaftsentscheidung

Von den Entscheidungen, die Sie in Ihrem Unternehmen treffen, unterscheidet sich eine andere Gruppe: Die Gemeinschaftsentscheidungen. Sie stehen in offener oder verdeckter Wechselwirkung mit Entscheidungen anderer Beteiligter. Ihre eigenen Entscheidungen beeinflussen die Entscheidungen anderer; die Entscheidungen anderer beeinflussen Ihre Entscheidungen. Diese Art strategischer Entscheidungen hat eine große Bedeutung in Verhandlungen, in Kooperationen, in der kooperativen Personalführung und in Oligopolmärkten. Das sind

Märkte, in denen die Anzahl der Wettbewerber niedrig ist und das Verhalten des einzelnen Wettbewerbers die Entscheidungen der anderen Wettbewerber beeinflusst.

Angewandte „Spieltheorie"

Kooperationsentscheidungen zu treffen ist angewandte Spieltheorie. Die Spieltheorie untersucht Situationen auf ihren strategischen Gehalt und führt zu Entscheidungsempfehlungen in komplexen, von wechselseitigen Abhängigkeiten geprägten Situationen. Kooperationen dienen in der Sprache der Spieltheorie der Gestaltung von Nichtnullsummenspielen. Solche Situationen beschreiben Synergie als Ergebnis eines Mehrwerts gemeinsamen Handelns. In einer Kooperation von zwei Partnern bestünde ein Nullsummenspiel in einer Situation, in der der Zugewinn des einen identisch ist mit dem Verlust des anderen Partners. Hier entstünde kein zu verteilender Überschuss bzw. Mehrwert. In einem Nichtnullsummenspiel sind solche Verteilspielräume vorhanden; profitieren beide Partner davon, handelt es sich um eine „Win-Win-Situation", die eine erforderliche Voraussetzung für erfolgreiche Verhandlungen und stabile Kooperationen ist.

Meiden Sie TINA!

Verantwortung zu übernehmen beginnt bereits in Phase I des Entscheidungsprozesses. Sorgen Sie dafür, dass eine echte Auswahl aus verschiedenen Optionen möglich wird. Dazu sind sorgfältig die vorhandenen – oder gegebenenfalls auch zu schaffenden – Alternativen zu ermitteln und zu analysieren. Meiden Sie TINA. TINA steht für „There Is No Alternative" und bedeutet „es gibt keine Alternative". Wo das der Fall ist, wo alternativlose Entscheidungen gefällt werden, wird in Wirklichkeit nicht entschieden. Es wird nur ausgeführt, was die Situation erzwingt. Autonomes unternehmerisches Handeln ist das nicht. Dabei hat der Sachzwang durchaus gefühlte Vorteile. Wer einem Sachzwang gehorcht, „kann nichts dafür", wenn es schiefgehen sollte. Sorgen Sie dafür, dass weder Sie noch Ihr Unternehmen „Opfer der Umstände" (Sprenger 1998) werden, indem Sie Entscheidungen als Auswahl aus echten Alternativen anlegen. Wenn der Sachzwang als Ausweg für verantwortungsfreie Entscheidungen ausfällt, bliebe noch der Sündenbock; zumindest theoretisch. Denn praktisch bedeutet die Übernahme von Verantwortung, zu seinen unternehmerischen Entscheidungen zu stehen; im Guten und im Schlechten. Der Erfolg, so sagt man, hat viele Väter, Misserfolg ist meist ein Waisenkind. Diese Haltung ist verständlich und verbreitet. Klug ist sie nicht. Verantwortung zu übernehmen heißt, die Folgen der eigenen Entscheidungen zu akzeptieren – und sie nicht nach Tagesaktualitäten abzuwälzen versuchen. Mit der Zuweisung von Schuld geben Sie Verantwortung ab. Mit der Verantwortung geben Sie Gestaltungsmacht ab. Wollen Sie das?

Suchen Sie nicht sofort nach dem „Schuldigen", wenn etwas nicht wie vorgesehen funktioniert. Insbesondere dann nicht, wenn Sie ihn in „der Politik", „den Märkten", „dem Wetter" dingfest machen wollen. Diese Reihe ließe sich ins Absurde verlängern: „die Viecher", „der Traktor" oder überhaupt: „die Situation als Ganzes". Diese Art der Fehleranalyse ist „Management by Sündenbock". Das bringt nichts!

Trennen Sie die Frage nach den Ursachen für Fehlschläge von der Frage nach deren Verursacher. Erst wenn Erfolge und Misserfolge „verstanden" sind, können Sie Lehren und ggf. auch Konsequenzen daraus ziehen. Seien Sie sich bewusst: Die Verantwortung für alles, was in Ihrem Unternehmen geschieht, liegt beim Chef. Dieses anzuerkennen verlangt Größe – aber es schafft Respekt und eine Atmosphäre der Fairness und der V-Wörter – nach innen und nach außen.

Diese Logik findet sich in der Praxis wieder. Eine renommierte Untersuchung über Top-Manager großer, erfolgreicher Unternehmen kommt zu dem Ergebnis, dass starke Unternehmer-Persönlichkeiten nach dem „Spiegel-Fenster-Muster" verfahren (Collins 2005). Bei Erfolgen blicken diese Unternehmer „aus dem Fenster", sie suchen die Gründe für den Erfolg in ihrem Unternehmen und seinem Umfeld. Bei Misserfolg schauen sie „in den Spiegel" und ergründen ihren eigenen Beitrag zum Fehlschlag. Diese Sichtweise ist ungewohnt: Wenn's klappt fragen „Was haben andere richtig gemacht?" und wenn's nicht klappt fragen „Was habe ich falsch gemacht?" Diese Haltung erfordert menschliche Größe, eine gesunde Demut und persönliche Bescheidenheit.

Menschliche Größe, Demut, Bescheidenheit

Identität schaffen

Ein Unternehmen lebt, so oder so. Es ist kein Modell und kein „seelenloser Produktionsapparat" zur Erzeugung von Gewinn. Ein Unternehmen besteht aus den Menschen, die Verantwortung tragen, der Gesamtheit seiner Stärken und Schwächen, seiner Chancen und Risiken, dem Netzwerk seiner Partnerschaften und seinem Fundus an Wissen und Können. Dieses Ganze und das Zusammenspiel seiner Teile bildet etwas Eigenständiges. Unternehmeraufgabe ist, diesem Eigenständigen Leben einzuhauchen. Jede Mitarbeiterin, jeder Mitarbeiter, am besten auch Marktpartner und Hausbank sollten ein einheitliches Bild des Ganzen vor Augen haben, das sich durch Attraktivität, Leistungsfähigkeit und die V-Wörter auszeichnet. Dieses Bild verleiht dem Unternehmen Identität und Profil – und es macht ein motivationsförderndes „Wir-Gefühl" möglich. Selbst wenn Ihr Unternehmen eine „juristische Person" sein sollte: Hauchen Sie ihr „Leben" ein!

Märkte und Marketing: Märkte verstehen – Marktpartner erreichen

Acht Aufgaben im Überblick:

- Verstehe die Absatzmärkte als „letzten Grund" der Daseinsberechtigung des Unternehmens!
- Verstehe die Kunden- und Kundenbedürfnisse als Leistungsmaßstab!
- Durchdringe Absatz- und Beschaffungsmärkte analytisch!
- Bearbeite Absatz- und Beschaffungsmärkte systematisch (Marketing)!
- Nimm Marktchancen und -risiken wahr, durchdringe und verarbeite sie!
- Entwickle Marktstrategien und bringe sie zur Umsetzung!
- Erkenne Trends und finde Wege, sie zu nutzen!
- Verstehe und gestalte die öffentliche Wahrnehmung (Image) des Unternehmens!

In marktwirtschaftlichen Systemen ist „der Markt" der Ort, an dem das Angebot auf die Nachfrage trifft. Unternehmer bieten an, Konsumenten fragen nach. Dieses Grundmuster gilt selbstverständlich auch in hochgradig arbeitsteiligen Wirtschaftsordnungen, in denen der Weg vom Urprodukt bis zum Endverbraucher über eine ganze Kaskade von Wertschöpfungsebenen verläuft. Aus dieser Logik folgt unter anderem, dass die Akzeptanz der Erzeugnisse und Leistungen auf den Märkten von größter Bedeutung für jedes marktwirtschaftlich orientierte Unternehmen ist.

Der Markt macht's

Die Bedeutung des Gestaltungsbereichs Markt und Kunden folgt aus der Erkenntnis, dass der Existenzzweck eines Unternehmens letztlich auf den Märkten entschieden wird. Selbst wenn Traditionsunternehmen zuweilen den Eindruck zu erwecken scheinen, es könnte auch ein Existenzrecht aus Tradition geben, selbst wenn Förderprogramme den Anschein nähren, es gebe Subventionen gewissermaßen als Entlohnung allein für die Anwesenheit in der Branche – so wie es „Antrittsprämien" für prominente Athleten bei Sportereignissen gibt: Der Markt macht's. Je stärker das Unternehmen den Einflüssen der Märkte unmittelbar ausgesetzt ist, desto wichtiger ist eine funktionierende Marktstrategie. Sie hat folglich hohe Priorität auf der Agenda des Unternehmers.

Daseinsberechtigung

Juristen und Finanzbeamte erkennen den Unternehmer an seiner Absicht Einnahmen bzw. Gewinn zu erzielen. Der Markt erkennt den erfolgreichen Unternehmer daran, dass er Produkte und Dienstleistungen anbietet, die gekauft werden. Es gilt: Ohne Nachfrage keine Einnahmen, ohne Einnahmen kein Gewinn. Zu den wichtigsten Aufgaben eines erfolgreichen Unternehmens gehört es also, seine Absatzwege zu verstehen – und im Rahmen der Möglichkeiten auch mit zu gestalten. Wer die Existenzberechtigung seines Unternehmens anderswo sucht als auf dem Markt, spielt ein riskantes Spiel. Märkte haben viele Erscheinungsformen, die Werkzeuge der Marktbearbeitung spiegeln diese Vielfalt wieder. Auf Märkten für einheitliche – und damit austauschbare – Güter mit vielen, daher grundsätzlich austauschbaren Anbietern gelten andere Bedingungen als auf Märkten mit wenigen Anbietern, die zudem ihre Produkte mit Unverwechselbarkeitsmerkmalen ausstatten können. Wenn es Ihnen gelingt, aus Ihrem Standardprodukt ein Qualitätsprodukt zu machen, verändern Sie damit Ihre Marktchancen. Wenn Sie sich dann einem Qualitätsfleischprogramm anschließen und somit die höhere Qualität zusätzlich durch ein Markenlogo dokumentieren können, sind Sie aus einem Markt der vielen Anbieter in einen Markt der wenigen Anbieter gewechselt. Eine für den Anbieter besonders attraktive Marktform ist das Monopol. Sollten Sie ein Bauernhofcafé betreiben, das einzigartig in Lage, Angebot und Atmosphäre ist, haben Sie ein kleines Monopol geschaffen.

Qualität verändert Marktchancen

Das eröffnet Ihnen beispielsweise neue Möglichkeiten der aktiven Preisgestaltung: Das Bauernblatt kennt keine amtlichen Notierungen für Kaffee und Kuchen. Im Monopol sind weder Produkt noch Anbieter austauschbar; daraus folgt eine Position starker Marktmacht. Auf welchen Märkten Sie und Ihr Unternehmen auch immer anzutreffen sind: Finden Sie die Merkmale, die Ihr Unternehmen aus der Masse herausheben und die Ihr Angebot vorzüglich machen. Schaffen Sie Unverwechselbarkeit, erkennen Sie Ihr „Alleinstellungsmerkmal", lassen Sie den Markt wissen, warum Ihr Unternehmen zurecht da ist.

Kundenversteher

Vom Landwirt, dem Urproduzenten, ist der Konsument, der Endverbraucher, in der Regel weit entfernt. Das Sprachbild der „Wertschöpfungskette" macht diesen Zusammenhang sichtbar.

Strenggenommen handelt es sich eher um ein Wertschöpfungsnetzwerk als um eine Wertschöpfungskette, die von einer „linearen" Verknüpfung der Wertschöpfungsebenen ausgeht. Wenn es im Folgenden um die unterschiedlichen Stufen der Wertschöpfung geht, wird dennoch trotz dieser sprachlichen Unschärfe weiter das Bild der Wertschöpfungskette verwendet.

Bis das Getreide oder das Mastrind in Form des Brötchens bzw. des Steaks auf dem Teller liegt oder als Hamburger über den Verkaufstresen gereicht wird, sind eine ganze Reihe von Zwischenstufen, Glieder der Wertschöpfungskette, zu absolvieren, z. B.:

- der Erfassungshandel
- die Lagerung
- die Verarbeitung
- die Aufbereitung
- die Vermarktung

- die Logistik
- der Lebensmitteleinzelhandel bzw. die Gastronomie

Jedes Glied dieser Wertschöpfungskette leistet seinen Beitrag zum Endprodukt. Dazu ist auf allen Ebenen ein Verständnis für den Bedarf der vor- und nachgelagerten Kettenglieder erforderlich. Und weil die Stärke der gesamten Kette vom schwächsten Glied bestimmt wird, hat jedes Glied der Wertschöpfungskette seine Verantwortung, die Qualität zu liefern, die dem Anspruch des Endkonsumenten entspricht. Je näher der Kunde an den Landwirt heran rückt, desto augenfälliger wird das. Wer einen Hofladen oder ein Hofcafé betreibt, kennt das. Da wird die Treffsicherheit, mit der die Kundenwünsche erkannt, möglicherweise mit beeinflusst und schließlich auch erfüllt werden, zum Maßstab für Erfolg oder Misserfolg. Je länger die Wertschöpfungskette – und je weiter der Landwirt entfernt ist vom Endverbraucher – desto eher ist der Unternehmer auf Signale aus den Zwischenebenen angewiesen. Eine besondere Herausforderung für das einzelne Unternehmen besteht dann darin, seinen Platz in der Wertschöpfungskette dadurch zu festigen, ein verlässliches Glied in der Kette zu sein – und dieses gegenüber den unmittelbar benachbarten Kettengliedern auch zu beweisen. Besonders bei plötzlichen Änderungen im Verbraucherverhalten zeigt sich die Stärke der jeweiligen Kettenglieder. Je schwächer die eigene Position, desto eher werden Änderungen „weiter gereicht".

Den Platz im Wertschöpfungsnetz festigen.

Märkteversteher

Klassisch unterscheidet die Wirtschaftswissenschaft drei Grundformen von Märkten nach den Anbieterstrukturen:

In einem **Polypol** konkurrieren viele Anbieter um die Gunst der Kunden. Keiner ist in der Lage, den Gleichgewichtspreis, in dem sich Marktangebot und Nachfrage idealtypisch treffen, aus eigener Kraft zu verändern. Ein Beispiel für diese Marktform findet sich in dem

Gesamtangebot der Getreide erzeugenden Landwirte.

Im **Oligopol** ist die Zahl der Anbieter auf wenige begrenzt. Ändert ein Anbieter seinen Angebotspreis, reagieren die anderen Anbieter darauf und es kommt zu einer veränderten Mengen-Preiskonstellation. Beispiele für diesen Typus finden sich im Energiemarkt.

Im **Monopol** gibt es nur einen marktbeherrschenden Anbieter.

Keiner dieser Typen kommt in Reinform vor; die Welt ist komplexer als einfache Einteilungen erscheinen lassen. Dennoch helfen diese Marktgrundmuster beim Verständnis von Märkten – und bei der Ableitung strategischer Optionen. Untersuchen Sie die Märkte, in denen Ihr Unternehmen seine Erzeugnisse und Leistungen feilbietet, darauf hin. Welchem Grundmuster folgen sie? Wenn Sie Mengenanpasser in einem Polypolmarkt sind, legen Sie eine andere Marktstrategie an den Tag, als wenn Sie mit Ihren Öko-Weihnachtsgänsen ein saisonales Monopol auf dem Wochenmarkt in der Stadt haben. Überlegen Sie gut, ob Sie tatsächlich durchgängig Mengenanpasser sind und sein müssen, oder ob sich nicht irgendwo durch attraktive Qualitätsmerkmale Alleinstellungscharakteristika herausstellen lassen, die ein aktiveres Marketing ermöglichen als (mengen-)"anpassen".

Marketing: Nehmen Sie Platz

Marketing ist ein anspruchsvolles Geschäft. Es erstreckt sich auf alle Maßnahmen von der Produktgestaltung, über die Preispolitik, die Absatzwege und die Werbung. Diese vier Aufgabenfelder bilden den Marketing-Mix. Es setzt Informationen über Kunden, Trends, aktuelle Nachfrage- und Preisverläufe voraus. Für Mengenanpasser sind die Spielräume eingeschränkt. Auf den Märkten für landwirtschaftliche Massenerzeugnisse sind die Landwirte in der Regel Mengenanpasser. Ihnen fehlt Marktmacht, um abweichende Produktqualitäten oder Preise selber zu setzen. Der Preis ist durch „den Markt" gegeben, die Frage ist – zumindest bei lagerfähigen

Erzeugnissen wie Getreide – jetzt verkaufen oder später? Angesichts stärker werdender Preisschwankungen bestimmt der Verkauf zum richtigen Zeitpunkt zunehmend den Erfolg. Den Zeitpunkt des Preishochs im Jahresverlauf vorab zu finden ist so gut wie unmöglich. Treffer sind Glückssache. Bereits die Preisfiguren zu durchdringen verlangt profunde Kenntnisse der jeweiligen Marktmechanismen und -teilnehmer, einen direkten Zugang zu Informationen bzw. Informationsvorsprünge und Glück. Tatsächlich beeinflussen professionelle Händler und zunehmend auch sogenannte Spekulanten den Marktverlauf. Sie bewegen große Mengen und nutzen minimale Verschiebungen für Käufe und Verkäufe, denen reale Warenströme zugrunde liegen können – aber nicht müssen. Dazu kommt, dass Preisbewegungen ihre eigene Dynamik entfalten. Wer in diesem Umfeld das Preisoptimum treffen will, ist Glücksspieler.

Die Reise nach Jerusalem

Sie kennen sicher die „Reise nach Jerusalem": Bei Akkordeon-Musikuntermalung bewegen sich z. B. zehn Personen um eine Kreisformation aus neun Stühlen. Die Aufgabe: Besetze einen der knappen Sitzplätze, sobald die Musik – natürlich abrupt – stoppt. Wer zu langsam reagiert, fliegt raus. Nach jeder Runde wird ein weiterer Stuhl entfernt, sodass stets ein Stuhl weniger im Spiel ist als Teilnehmer vorhanden sind. Sieger ist, wer auf dem zuletzt einzigen Stuhl Platz genommen hat.

Würde man die Spielregeln dahin abändern, dass a) der Sieger eine Geldprämie erhält und dafür b) der Spielleiter (der mit der Ziehharmonika) die Stühle in jeder Runde auf's Neue vermieten darf, so bestünde für alle Teilnehmer ein noch größerer Anreiz, sich möglichst lange im Spiel zu halten; eben auch dadurch, dass man in Erwartung des Gewinns Miete für den Stuhl bezahlt. Bei Auslobung einer ausreichend hohen Siegprämie wäre die Sitzplatzvermietung wohl ein einträgliches Geschäft. Änderte man die Spielregeln erneut dahin gehend (ins Absurde), dass ein weiterer Stuhl aufgestellt wird, d. h. jetzt zehn Stühle für zehn Teilnehmer, sänke die Miethöhe sofort auf null! Und zwar für alle Stühle, nicht nur für den letzten ins Spiel gebrachten. Denn nun gäbe es ja keinen Zwang mehr Miete zu zahlen, da ausreichend freie Sitzplätze für alle da sind.

Dieser immense Hebeleffekt des letzten Stuhles bei der Reise nach Jerusalem wirkt – natürlich nicht so drastisch aber im Prinzip eben genauso – auch auf Märkten, die in der Nähe des Marktgleichgewichts schwanken und hohe Preiselastizitäten aufweisen. **Preiselastizität** ist ein Maß für den Zusammenhang zwischen Mengen- und Preisänderungen. Eine hohe Elastizität bedeutet: Ändert sich die Menge ein wenig, ändert sich der Preis gewaltig – oder umgekehrt: Eine geringe Preisänderung führt zu erheblichen Mengeneffekten. Es geht also nicht um durchschnittliche Angebots- und Nachfragemengen, sondern um die „Grenzmengen", die Mengen also, die zu Preisreaktionen führen. Diese Grenzmenge muss also, das folgt aus dem Jerusalem-Effekt, nicht zwangsläufig unbegrenztes Volumen aufweisen. Häufig reichen kleine Mengenänderungen, um große Preisausschläge hervorzurufen. Es braucht nicht zwangsläufig eine weltweite Erntekatastrophe, um den Preis für Weizen nach oben schnellen zu lassen. Ebenso wenig ist für einen Milchpreishöhenflug zwangsläufig ein weltweit entfesselter Milchdurst erforderlich. Märkte mit großen Elastizitäten und entsprechend hohen Preisausschlägen heißen volatile Märkte. Volatilität ist ein starker Lockstoff für Spekulanten. Änderungen schaffen Marktchancen.

Wer also seinen Unternehmenserfolg auf den Produktmärkten sucht, sollte diesen Mechanismus verstehen und für seinen relevanten Markt interpretieren können. Angesichts der großen Bedeutung, den der Marktpreis auf den Umsatz und damit auf den Gewinn hat, ist jede Auseinandersetzung eines Unternehmers mit seinem Marktumfeld eine Pflichtaufgabe. Den richtigen Verkaufszeitpunkt für die Produkte und Dienstleistungen zu finden, den richtigen Zeitpunkt für den Einkauf von Betriebsmitteln bzw. für Investitionen zu bestimmen, ist erfolgsrelevant. Wetten auf oder gegen Produkt- und

Achtung:
Jerusalem-
Effekt!

Faktormärkte sind angesichts der „Jerusalem-Effekte"
allerdings häufig weniger unternehmerisch verantwortungsbewusstes Handeln als vielmehr Spekulation auf
das Glück des Spielers. Verantwortungsbewusstes Agieren am Markt heißt: Kenne die Produktions**Voll**kosten,
kalkuliere einen angemessenen Gewinnaufschlag und
ermittle auf diese Weise einen auskömmlichen Verkaufspreis. Der richtige Verkaufszeitpunkt richtet sich dann
eher danach, ob sich das Preisniveau diesseits oder jen-
seits des auskömmlichen Preises befindet als danach, ob
eine möglicherweise durch Spekulation und strategische
Lagerhaltung überprägte Preisfigur die Spielleidenschaft
aktiviert. Die angemessene Antwort auf schwankende
Märkte liegt also weniger im Wetten gegen Profi-Speku-
lanten sondern vielmehr darin, die eigenen Kostenstrukturen zu kennen und hier die Möglichkeiten zu suchen,
auf veränderliche Preisszenarien durch Anpassungen in
den Kosten reagieren zu können.

Also Marktbeobachtung und -bearbeitung? Ja, aber
nicht nur auf der Absatz-, sondern auch auf der Beschaf-
fungsseite und in der Effizienz der Produktionsverfahren.

Ebenso wichtig wie das grundlegende Verständnis der
Marktmechanismen ist der angemessene Umgang mit
Marktpartnern. Auf andere Branchen könnte das in der
Landwirtschaft nach wie vor weit verbreitete Verfahren,
dass der „Abnehmer" die Rechnung stellt, befremdlich
wirken. Das Lagerhaus, der Getreidehändler, die Molkerei, der Viehhändler: Sie nehmen die Produkte ab und
schicken eine Abrechnung – und überweisen dann den
von ihnen ermittelten Betrag. Kein Traktorhändler, kein
Futtermittelanbieter würde auf die Idee kommen nach
Lieferung den Landwirt die Rechnung schreiben zu lassen. Eingefahrene Strukturen sind nicht einseitig und im
Handstreich zu ändern. Und für viele landwirtschaftliche
Unternehmen wäre es auch nur schwer möglich, die
erforderlichen Qualitätsermittlungen in Eigenregie zu
erledigen. Was aber als Minimum eines aktiven Markt-
teilnehmers „Landwirt" erwartet werden darf, ist ein

vitales Interesse an Abrechnungsmethoden und -ergeb-
nissen. Unter Umständen auch mit persönlicher Erläute-
rung durch den Kunden bzw. „Abnehmer".

Märkte bearbeiten

- Märkte bearbeiten heißt Märkte verändern:
- Für das Angebot des eigenen Unternehmens müssen
  die Absatzchancen verbessert werden.
- Für den Bedarf an Vorleistungen, d. h. Produktionsfaktoren einschließlich Betriebsmittel des eigenen Unternehmens, müssen die Bezugsmöglichkeiten verbessert
  werden.

Voraussetzung für die Veränderung von Märkten ist ein
Verständnis für die Ausgangssituation. Dieses Verständnis beruht auf Information. Informationen sind ein heik-

Vom Verstehen
zum Gestalten

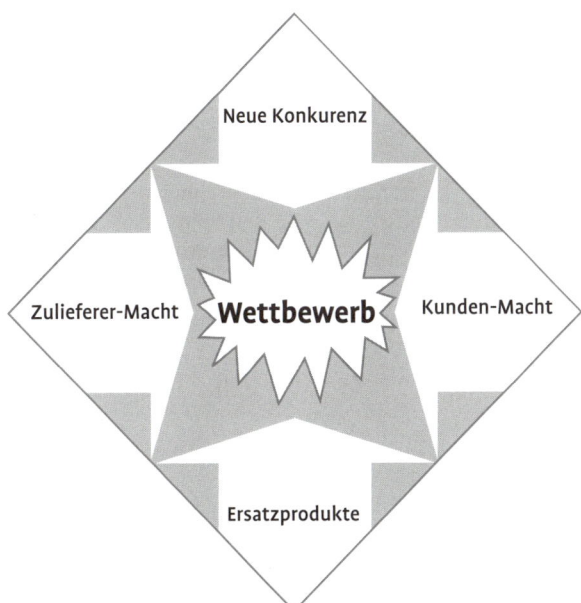

Abb. 3
Fünf Kräfte im Markt-
umfeld (Quelle: nach
Porter, M. 2008)

les Gut. Verfügbarkeit, Aktualität und Verlässlichkeit machen die Qualität von Informationen aus. Der Nutzwert von Informationen bestimmt sich aus der Qualität und der passgenauen Anwendbarkeit auf die eigene Situation. Die Marktanalyse braucht zwei Fokussierungen: Das Marktumfeld und die Position des eigenen Unternehmens auf dem Markt.

Fünf Kräfte: Marktumfeldanalyse für Unternehmer

Fünf Kräfte wirken auf das Marktumfeld ein und erzwingen Veränderung. Die Dynamik, mit der die Veränderung eintritt, hängt von den Kräfteverhältnissen ab. Welche Kraft hat die Oberhand, wie ist das Verhältnis der Veränderungstreiber zu den Beharrungskräften im bestehenden Marktwettbewerb. Zur Analyse der Marktdynamik und zur strategischen, d. h. umfassenden und nicht nur kurzfristigen Positionierung und Reaktion auf diese Kräfte brauchen Sie einen Überblick über die Treiber.

Zunächst findet in dem Markt mit regionaler Erreichbarkeit ein Wettbewerb statt. Sie und Ihre Wettbewerber konkurrieren um Marktanteile. Dieser Wettbewerb ist die erste kontinuierlich wirkende Kraft. Auch Ihre Kunden bzw. Abnehmer entfalten kontinuierlich Veränderungsdruck, die zweite Kraft. Es geht um Marktmacht und Spannen. Um Marktmacht und Spannen geht es auch den Zulieferern, von denen der dritte Treiber ausgeht. Attraktive Märkte ziehen neue Konkurrenz an: Treiber vier. Und schließlich der latente Druck, bestehende Erzeugnisse oder Dienstleistungen gegen andere auszutauschen, die Sie ersetzen können. Dieser fünfte Treiber vervollständigt das Bild der fünf Kräfte.

Ein Beispiel: Sie betreiben ein Bauernhofcafé.

Sie sind in der Region nicht der einzige, aber durch gute Qualität, eine angenehme Atmosphäre der Gastlichkeit und durch geschickte Werbung haben Sie einen anständigen Marktanteil. Sie halten gegenüber dem Treiber „Wettbewerb" recht gut stand. Die Leute fanden die Idee seinerzeit

gut, als Sie das Café eröffnet haben, und haben sich über
das originelle Angebot gefreut.
Aber Ihre Gäste werden anspruchsvoller. Sie spüren den
zweiten Treiber, die Macht der Kunden: Sie sind ständig
gefordert, Trends aufzuspüren und ihr Angebot aktuell und
hochwertig zu halten. Sie spüren auch die Macht der Zulieferer. Auch die wissen, was Ihre Kunden wünschen und halten entsprechende Markenartikel im gehobenen Preisseg-
ment für sie bereit. Exklusive Kaffee-Sorten, ausgewählte
Konditorei-Zutaten usw. Ihre Zulieferer wollen ihr Stück
vom Kuchen. Erfolg ist sexy. Wenn Ihr Hofcafé brummt,
spricht sich das rum. Ihre Konkurrenten kennen Sie natürlich. Aber: Wenn man damit Geld verdienen kann, finden
sich rasch Nachahmer, die versuchen, neu in Ihren Markt
einzudringen. Schließlich bedrängen mögliche Ersatzpro-
dukte Ihren Markt. Wenn die Welle abgeebbt ist, erinnern
sich manche Gäste z. B. an den Reiz des Dorfgasthofes oder
es entsteht ein Dorfgemeinschaftshaus, das mit günstigen
Preisen und Aktionen ein anderes, allerdings ebenfalls
attraktives Angebot für dieselbe Zielgruppe auf die Beine
stellt, die Sie im Auge haben.

Sie können dieses Modell auch auf andere, klassischere
Märkte übertragen. Selbst die Märkte, von denen man
sich gar nicht immer bewusst ist, dass sie tatsächlich wie
Märkte funktionieren, sind den fünf Kräften unterworfen. Diese Kräfte, die auf Ihren Markt und Ihre Marktposition einwirken, verlangen von Ihnen eine strategische
Positionierung:

- Wie halten Sie den Veränderungskräften stand?
- Gelingt es Ihnen Ihre Position zu halten?
- Halten Sie mit Innovationen Schritt?
- Wo finden Sie Verbündete in der Wertschöpfungskette
  und im Wertschöpfungsnetz, deren Interesse darin
  liegt, dass Sie Ihre Position behaupten.

Ihre Antworten bestehen darin, dass Sie die Verände-
rungsdynamik im Blick behalten, eine klare Strategie

verfolgen und möglichst wenig austauschbar im Markt
sind.

Bearbeite Absatz- und Beschaffungsmärkte systematisch (Marketing)!

Zu den weit verbreiteten Tugenden der Landwirtschaft
gehört eine gewisse Zurückhaltung im Auftritt – nicht zu
vergleichen mit der Medienbranche oder Markenartikelherstellern und -händlern, die von dem Klappern leben,
das zum Handwerk gehört. Die Zurückhaltung der Landwirtschaft zeigt sich u. a. darin, dass Konten für Marketing und PR oder Kostenstellen für Marketing nur selten
in landwirtschaftlichen Jahresabschlüssen oder Kosten-
rechnungssystemen zu finden sind. Zurückhaltung sollte
im Zugang zum Markt aber nicht zu übertriebener Bescheidenheit führen. Pflegen Sie nicht „stillschweigend"
einen „Nichtangriffspakt" mit dem Markt. Wer wahrgenommen werden will, wer aus guten Gründen „Nicht-
austauschbarkeit" anstrebt, muss trommeln. Identifizieren Sie Ihre strategischen Marktpartner und rücken Sie
Ihre Vorzüge dort in ein günstiges Licht. Wenn sich Ihr
Angebot und Ihre „Marke" nicht unmittelbar an den
Endverbraucher richten, wären die Streuverluste von
Massenmedien-Werbung zu groß, um diesen Kanal in Er-
wägung zu ziehen. Aber gezielte Maßnahmen zur Kun-
den- oder auch Lieferantenbindung können sinnvoll sein.
Lassen Sie Ihre Marktpartner wissen, warum Ihr Angebot
besser ist als das der Konkurrenz. Stellen Sie Ihre Vorzüge heraus, machen Sie sie wahrnehmbar und sorgen Sie
durch geeignete Unterlagen oder Produktimage dafür,
dass die Marktpartner zuerst an Sie denken, wenn es um
solche Produkte geht, wie Sie sie anbieten.

Sorgen Sie für Nichtaustausch-barkeit

Die Portfolio-Analyse: Markt und Marktposition

Die Portfolio-Analyse stellt eine Beziehung her. Dazu
nutzt sie die zweidimensionale Darstellungsform der
Matrix. Eine dieser Dimensionen (die Hochachse) sagt

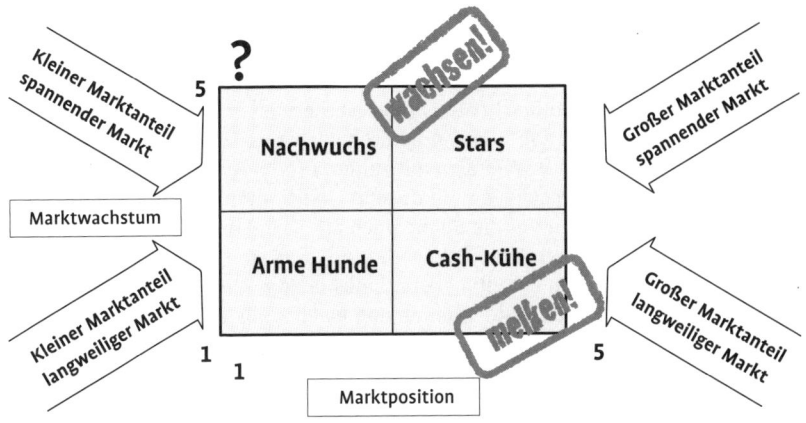

etwas über die Dynamik eines Marktes aus – und inwieweit daraus Chancen und Risiken erwachsen. Die zweite Dimension (die Längsachse) stellt die eigene Position auf diesem Markt dar. Sie fragt nach Stärken bzw. Schwächen der eigenen Marktposition. In Abbildung 4 reicht die Skala der Hochachse von „0" (= schrumpfend) bis „5" (= stark wachsend). Die Skala der Längsachse reicht von „0" (= beliebig austauschbar) bis „5" (= marktbeherrschend). Die Portfolio-Matrix gehört in den Werkzeugkasten des strategischen Controlling. Ihre Kombination von Marktumfeld und eigener Marktpräsenz erlaubt Aussagen über die Marktgängigkeit des eigenen Angebots und legt strategische Handlungsoptionen zur Verbesserung des Marktauftritts Ihres Gesamtangebots nahe.

Tragen Sie dazu die Produkte und Leistungen Ihres Unternehmens in diese Matrix ein und Sie erhalten einen Überblick über die Markt- und Zukunftsfähigkeit Ihres Portfolios. Die Skala der Portfolio-Matrix in Abbildung 4 ist nur grob eingeteilt. Das reicht völlig aus, um die grundlegenden Zusammenhänge herauszuarbeiten. Es geht um die Einschätzung, nicht um Nachkommastellengenauigkeit. Die vier Quadranten der Portfolio-Mat-

Abb. 4
Portfolio-Matrix
(Quelle: nach
Boston Consulting
Group Matrix).

rix weisen jeweils die Positionierung Ihrer Angebote aus. Links unten, dort wo eine schwache eigene Marktposition auf einem schwachen, möglicherweise schrumpfenden Markt abgebildet ist, handelt es sich um „arme Hunde". Sie sind zu schwach zum Überleben aus eigener Kraft. Wer sich mit seinen Produkten und Leistungen überwiegend in diesem Quadranten wiederfindet, sollte sich auf die Suche nach alternativen Produktmärkten machen und Wege finden, dort eine stärkere Marktposition zu entwickeln. Links oben finden sich die „Fragezeichen". Sie bilden einen wachstumsfreudigen Markt ab, auf dem die eigene Position aber (noch?) so schwach ist, dass Investitionen zur Stärkung der eigenen Marktpräsenz erforderlich wären und möglicherweise erfolgversprechend sind. Aufgabe der Unternehmensführung hinsichtlich der Fragezeichen ist es, Richtungsentscheidungen zu treffen, die eigene Position auszubauen oder den Markt – so attraktiv er erscheint – ggf. wieder zu verlassen, wenn die eigene Position nicht nachhaltig verbessert werden soll oder kann. Rechts oben sind die „Stars" angesiedelt: Ein attraktiver, wachsender Markt und eine attraktive eigene, durch Stärke geprägte Position auf diesem Markt. Diese Position ist zu sichern und so lange wie möglich zu halten. Sie erlaubt Wachstum. Rechts unten weiden die Cash-Kühe. Der Markt wächst zwar nicht mehr, Sie haben jedoch eine starke Marktposition. Nutzen Sie das aus. Melken Sie Ihre Cash-Kühe.

Melken Sie Ihre Cash-Kühe.

In einem Mehrproduktunternehmen bespielen Sie üblicherweise unterschiedliche Märkte. Sie haben ein durchwachsenes Portfolio. Aufgabe der Unternehmensführung ist, strategische Entscheidungen zu treffen, die jedes Produkt und jede Dienstleistung ihrer Marktkonstellation entsprechend bearbeiten und das Portfolio insgesamt lebendig halten. Eine auf nachhaltige Vitalität angelegte Portfoliopolitik setzt die Gewinne aus den Stars und Cash-Kühen ein, um aus dem Fragezeichen-Segment heraus Nachwuchsprodukte anzuschieben, die das Zeug zu Stars haben. Dabei wird nicht aus jedem Fragezeichen ein Star. Es gibt auch den Absturz in das

Arme-Hunde-Segment und das gelegentliche Ableben dieses „Armen Hundes".

Wachsend wichtig: Marktstrategien

Je stärker die eigene Marktposition ist, desto besser lassen sich Marktvorteile strategisch nutzen. Wer am Markt wiedererkennbar und wenig austauschbar ist, hat die Möglichkeit, sich dieses „Anders als die Anderen" sein, diese AAA-Position über einen höheren Produktpreis „bezahlen" zu lassen. Damit nutzt er eine von zwei möglichen Basis-Optionen der strategischen Marktorientierung:

- Die Differenzierer-Strategie.
- Die Strategie der Kostenführerschaft.

Diese Zweiteilung einer sektoralen Wettbewerbsstrategie macht eines deutlich: Sie müssen sich entscheiden. Wettbewerbsstärke wirkt sich durch Vorsprung vor den Wettbewerbern aus. Der kann darin liegen, dass die eigenen Kosten niedriger sind als die der Konkurrenz. Bei gegebenen Marktpreisen optimiert derjenige seinen Gewinn, der die niedrigsten Kosten produziert und vermarktet.

Besser oder billiger?

Zur **Kostenführerschaft** führen verschiedene Wege. Kostendegression durch Mengeneffekte nennt man „Economies of Scale": Vorteile der Massenproduktion. Der Effekt: Die Fixkosten, die unabhängig von der Produktionsmenge anfallen (Festkosten), verteilen sich bei gegebenen Produktionskapazitäten umso besser auf die Gesamtproduktion, je näher diese an der Kapazitätsgrenze liegt. In der Folge sinken die Durchschnittskosten der Produktion. Bei gegebenen Preisen steigt der Gewinn.

Auch Verbundeffekte („Economies of Scope") senken Kosten. Verbundeffekte folgen aus der Kombination verschiedener Produktionszweige. Wer z. B. mit seiner Biogasanlage die hofeigene Gülle verwerten kann, erzielt diese Synergien. Kostensenkung ist eine Triebfeder für die Einführung neuer Technik und damit einer Veränderung der Produktionsfunktion. Größer, schneller, besser kann sogar zu sprunghaften Veränderungen der Kostenstrukturen führen. Nicht nur aus Perspektive der Mengeneffekte liegt in der Erhöhung der Auslastung ein Schlüssel zur Kostensenkung. Die Erhöhung der Auslastung vorhandener Technik kann man auch dadurch erreichen, dass man Arbeitsgänge auslagert, dadurch Kapazitäten abbauen kann und so den Auslastungsgrad der Technik insgesamt erhöht.

Differenzierer ist, wer sich mit seinem Angebot vom Standard- oder Massenangebot abhebt, indem er neue Merkmale hinzufügt, ausgestaltet oder in der Werbung hervorhebt. Gestaltungsfelder für die Differenz, d. h. den Unterschied zum Standardangebot, sind die Produktqualität (z. B. Premium), die Produktionseigenschaften (z. B. Bio), der Preis (z. B. exklusiv und „leider teuer"), der Service (z. B. Frei-Haus-Lieferung ab Mindestbestellwert) oder das Image (z. B. „teuer, aber gut!").

Mit dem Slogan „Leider teuer" hat die Modemarke Réné Lezard vor einigen Jahren einen Marketingerfolg erzielt. Der höhere Preis war bewusst als Differenzierungsmerkmal herausgehoben worden.

Differenzierung braucht Marktkommunikation.

Die Differenzierung verlangt Marktkommunikation. Es nützt nichts, bessere Qualitäten als den Standard zu erzeugen, wenn der Markt es nicht bemerkt. Die Differenzierung erhöht üblicherweise auch die Kosten für das Produkt und verlangt daher auch die Durchsetzung eines höheren Verkaufspreises.

Dabei ist die Marktkommunikation keine „Einmalaufgabe". Käufer sind vergesslich, sie bedürfen der kontinuierlichen Erinnerung an Ihr Angebot. Vergleichen Sie es mit Markenartikelherstellern. Selbst bei Top-Marken, die jedes Kind kennt, werden immer wieder Werbefeldzüge unternommen, um darüber zu informieren, warum das

Auto, das Erfrischungsgetränk oder das Waschpulver anders und besser ist als die anderen (AAA). Der Verbraucher soll diese Andersartigkeit auch über einen Preiszuschlag honorieren: „Es war schon immer etwas teurer, einen besonderen Geschmack zu haben."

Das gilt für Endverbrauchermärkte, es gilt aber – natürlich mit anderen Kommunikationsmitteln als bei der Werbung für Massenmärkte – auch für die Ansprache von Marktpartnern in höheren Gliedern der „Wertschöpfungskette".

Eine **dritte Möglichkeit** gibt es nur sehr selten, sie ist auf Massenmärkten nicht erfolgversprechend. Wer den Spagat versucht, gleichzeitig besser und billiger zu sein als die Wettbewerber, riskiert ein Scheitern in der Mitte dazwischen. Ausnahme ist die **Nische**. Wer eine Nische entwickelt oder entdeckt und einem begrenzten, ausgewählten Kunden-, Produkt- oder regionalen Segment gegenübersteht, kann dieses „kleine" Monopol oder Oligopol nutzen, um zu differenzieren und kostenführend zu agieren. In der Nische ist der Anbieter nicht mehr in der Mengenanpassersituation sondern in der Lage, den Preis (monopolistisch) zu setzen oder zumindest (oligopolistisch) Einfluss darauf zu nehmen. Diese Gestaltungsmöglichkeiten gelten solange die Nische eine Nische ist. Entdecken Wettbewerber Ihre Nische und machen Sie Ihnen streitig oder Ihre Kunden kommen Ihnen auf die „Schliche" Ihrer Strategie (hohe Preise für kostengünstig produzierte Waren) ist das Ende der Nische nah.

Dieser Slogan für die Zigarettenmarke Atika stammt immerhin schon aus dem Jahre 1966.

Wie der Wind weht: Trends erkennen und nutzen!

Ein Unternehmen ist keine Insel und der Markt ist kein Binnensee. Märkte sind idealisierte, virtuelle Orte, auf denen Güter und Dienstleistungen angeboten werden und eine Nachfrage finden. Der Schnittpunkt der Angebots- und Nachfragekurve liegt beim Preis bzw. beim markträumenden Preis. Das Say'sche Theorem, „Jedes Angebot findet seine Nachfrage" (Samuelson und Nordhaus 2007), schafft Zuversicht für jeden, der seine Produktion im Vertrauen auf funktionierende Märkte ausbaut. Die Frage bleibt: Zu welchem Preis?

Darin steckt auch eine Dynamik der Märkte. Sie verändern sich ständig. Das liegt – in der Theorie gut nachweisbar – an den Reaktionen von Anbietern und Nachfragern auf die sich ändernden Marktsignale, die von den Preisen ausgehen. Der Schweinezyklus ist ein prominentes Beispiel dafür, dass der Marktmechanismus nicht automatisch zu einem ruhigen Gleichgewichtspfad führen muss, sondern auch aus sich heraus zu Überreaktionen führen kann. In der Praxis gibt es weitere starke Kräfte, die den idealen Marktmechanismus „stören" können – Veränderungen im Angebots- und Nachfrageverhalten, die nicht auf den Marktmechanismus selber zurückzuführen sind.

Einflussfaktoren, die dauerhaft und merklich zu solchen Veränderungen führen, sind **Trends**. Trends im Blick zu behalten ist Aufgabe des weitsichtigen Unternehmers und gehört zu seinen Aufgaben in der Marktbeobachtung. Trends können auf die Nachfrage wirken, indem beispielsweise veränderte Ernährungsgewohnheiten Chancen für neue Produkte oder Produktqualitäten eröffnen. Trends können aber auch auf der Angebotsseite wirken, wenn z. B. durch neue technologische Lösungen neue Produktionsverfahren und damit möglicherweise auch neue Kostenverhältnisse möglich werden. Achten Sie sorgfältig auf die Trends, die Ihre Märkte verändern könnten.

Trends im Blick behalten!

PR – das Bild jenseits des Marketing

Die wichtigste Schnittstelle des Unternehmens nach außen ist zunächst der Markt. Darum ist es richtig, das Produkt als Träger der Botschaft aus dem Unternehmen: „Seht her, ich bin gut", „Seht her, selbst bei diesen Preisen kann ich anbieten" zu verstehen. Aber das ist nicht alles. Das Unternehmen hat eine ganze Menge weiterer Schnittstellen zu Partnern außerhalb des Unternehmens und auch außerhalb seiner Produktmärkte. Die Beziehungen zu diesen Partnern bedürfen gleichfalls der Pflege und Entwicklung. Das Vehikel dazu ist Kommunikation. Einer tiefen Weisheit zufolge können Sie nicht nicht-kommunizieren. Das beginnt im täglichen Leben, wenn Ihnen jemand auf der Straße entgegenkommt, der Ihren Gruß nicht erwidert. Dann haben Sie bereits etwas von ihm erfahren (z. B., dass er unhöflich ist oder gerade geistesabwesend – im besten Fall). So geht es mit Ihrem Unternehmen auch. Selbst wenn Sie keinerlei Maßnahmen zur Pflege des Bildes ergreifen, das Ihr Unternehmen in der Öffentlichkeit abgibt, entsteht ein Bild, ein Image. Ihre Verantwortung als Unternehmer ist, die Frage zu beantworten: Hilft es meinem Unternehmen, mit einem positiven, klaren Bild in der Öffentlichkeit wahrgenommen zu werden? Lautet die Antwort „ja", dann tun Sie etwas dafür. Der Werkzeugkasten heißt Öffentlichkeitsarbeit – oder im Englischen fast treffender ausgedrückt: Public Relations (PR), die Gestaltung der öffentlichen Beziehungen. Beziehungspflege ist Chefsache und ist für Ihr Unternehmen zu wichtig, als dass Sie es bei der für die ganze Branche gestalteten Öffentlichkeitsarbeit Ihrer Berufsverbände belassen könnten. Deren Arbeit ist wichtig und für die Branche unverzichtbar, für Ihr Unternehmen aber in der Regel nicht spezifisch genug.

Image + PR

Das Ergebnis kluger und geschickter Öffentlichkeitsarbeit ist „Akzeptanz". Akzeptanz, die einer Branche bzw. den ihr zugehörigen Unternehmen, deren Erzeugnissen, Leistungen und Produktionsverfahren entgegengebracht wird, hat in den vergangenen Jahren einen deutlichen Bedeutungszuwachs erfahren. Die landwirtschaftliche Erzeugung sieht sich zunehmend drängend öffentlich gestellten Fragen nach der Umweltverträglichkeit ihrer Produktionsweisen, der Artgerechtigkeit ihrer Tierhaltungsverfahren und – mehr noch – der Infragestellung tierischer Erzeugung oberhalb volkswirtschaftlicher Selbstversorgungsgrade von 100 ausgesetzt. Trends zu vegetarischer und veganer Ernährung kommen gleichfalls auf die gewachsenen Produktionsstrukturen der Landwirtschaft zu. Die Mechanismen sozialer Medien wie beispielsweise Facebook, Twitter oder Youtube führen dazu, dass sich nicht nur Skandale sondern auch Skandälchen und Skandalisierungen mit hoher Geschwindigkeit und großer Eigendynamik im öffentlichen Raum verbreiten. Abgesehen von den diese Diskussionen begleitenden, in jeder Hinsicht inakzeptablen und teilweise gewalttätigen Auswüchsen gegenüber Produktionsanlagen und deren Betreibern haben diese Maßnahmen Folgen für die Wahrnehmung und Akzeptanz landwirtschaftlicher Erzeugung. Öffentlichkeitsarbeit ist der Schlüssel dazu, auf die öffentliche Meinungsbildung einzuwirken. Sie muss rechtzeitig einsetzen. Der Zeitpunkt, zu dem sich Widerstand bereits formiert hat, ist oft zu spät. Akzeptanz für Investitionsmaßnamen, wie etwa den Bau einer Stallanlage, lässt sich gegen bereits formierte Bürgerinitiativen und eine allgemeine Antistimmung kaum mit vertretbarem Aufwand schaffen.

Im eigenen Strafraum schießt man keine Tore.

Da ist es wie im Fußball. Wenn man unter gegnerischem Druck die Kräfte im eigenen Strafraum zur Verteidigung zusammen gezogen hat, fehlen Kapazitäten, um weiter vorne Tore zu schießen. Eine vorausschauende Öffentlichkeitsarbeit operiert – um im Sprachbild zu bleiben – aus einer solide im Mittelfeld aufgestellten Formation. Das ermöglicht es offensiv – Beispiel Investition – auf einer vorhandenen Vertrauensbasis aufbauend Ziele zu verfolgen und „Tore zu machen". Dabei hilft es, frühzeitig in der Logik von Wertschöpfungsnetzen zu denken. Landwirtschaftliche Erzeugung hat üblicherweise eine Reihe von regionalen Anknüpfungspunkten. Hier ist Unterstützung zu mobilisieren. Das örtliche Handwerk, die lokale Bank, der Landhandel, die Landtechnik aber auch Mitarbeiter und ihre Familien und der lokale Lebensmitteleinzelhandel, der (auch) auf regionale Erzeugung setzt, sind „natürliche Verbündete", wenn es darum geht, öffentlich für die Akzeptanz landwirtschaftlicher Erzeugung einzutreten. Diese Unterstützung ist vorausschauend und in „Friedenszeiten" sehr viel leichter zu mobilisieren als in konfliktverkeilten Situationen. Das Ziel der Imagearbeit ist es nicht, von allen geliebt oder von jedem bewundert zu werden für das, was Ihr Unternehmen tut. Es geht darum, dass Ihnen das Vertrauen entgegengebracht wird, das erforderlich ist, um eine Baugenehmigung störungsarm zu erlangen, fachlich fundiert Ihre Arbeit auf dem Feld und im Stall erledigen zu können und als verantwortungsbewusster Unternehmer wahrgenommen zu werden. Fehlt das Vertrauen, riskieren Sie vielfältige Störfeuer und Blockaden, die Sie daran hindern, das zu tun, was Sie eigentlich tun wollen –und auch können.

Es wäre daher nicht übertrieben, von der Akzeptanz als einem zusätzlichen Produktionsfaktor zu sprechen. Es ist ein immaterieller Produktionsfaktor, den Sie nicht nach Kilogramm, Meter oder PS einkaufen können, den Sie auch nicht im Shop oder online gegen Euro ordern können.

Can´t buy me love

Akzeptanz kaufen Sie nicht, Sie erwerben sie - im wahrsten Sinne des Wortes. Sie hat so gesehen keinen „Preis". Ihren Wert ermessen Sie – darin auch den anderen Produktionsfaktoren wieder sehr ähnlich – am deutlichsten dann, wenn sie fehlt.

Akzeptanz schaffen heißt also nicht, sich anzubiedern oder die Preisgabe von Interessen oder Privatsphäre. Akzeptanz zu schaffen heißt, gesellschaftliche Anforderungen an landwirtschaftliche Erzeugnisse und Produktionsverfahren wahrzunehmen und ihre Ausprägungen im Umfeld des eigenen Unternehmens zu analysieren. Auf diese Anforderungen antworten Sie auf geeignete Weise. Prüfen Sie, inwieweit Ihre Produktion diesen Anforderungen gerecht wird:

• Falls ja: O.k., dann sollten Sie dazu stehen und es mitteilen.

• Falls nein: Prüfen Sie, ob Ihre Erzeugnisse oder Produktionsverfahren auf dem aktuellen Stand sind.

Und falls das der Fall sein sollte, finden Sie Wege, das auch offiziell zu vertreten, idealerweise mit den o.a. nahe liegenden natürlichen Verbündeten aus der Region. Sollte das nicht der Fall sein, da die Produktionsverfahren oder Produkte Ihres Unternehmens über den öffentlichen Zweifel nicht erhaben sind: ÄNDERN SIE ETWAS DARAN!

Öffentlichkeitsarbeit ist eine Aufgabe, die sich nicht ausschließlich auf die berufsständischen Organisationen wie Verbände oder „die Politik", insbesondere die Ministerien, delegieren lässt. Widerstand gegen einzelbetriebliche Produktionsweisen und Planungen haben in der Regel eine starke regionale und lokale Komponente. Hier kommt es nicht nur auf das Image der Branche an sondern auch auf das Ansehen und das Vertrauen, das Ihr Unternehmen vor Ort genießt. Hier finden sich zugleich wichtige Anknüpfungspunkte für regionale Kooperationen zwischen landwirtschaftlichen Unternehmen. Denn anders als auf Absatz- oder Beschaffungsmärkten handelt es sich bei der Verbesserung des regionalen Images der Landwirtschaft um Win-Win-Situationen. Während beispielsweise im Wettbewerb um knappes Pachtland der eine das nicht mehr bekommen hat, für das der andere den Zuschlag erhalten hat, nützt es allen landwirtschaftlichen Unternehmen in der Region, wenn sie etwas zugunsten der öffentlichen Akzeptanz für die Landwirtschaft tun.

Öffentlichkeitsarbeit zugunsten der Akzeptanz wird eine der zentralen Aufgaben der Landwirtschaft in den kommenden Jahren insgesamt sein. Bedenken Sie, dass es in der Gegenwart so gut wie unmöglich ist, Worte wie „Tierhaltung", „Massen-," oder „Intensivtierhaltung", „Nutztiere" oder auch nur den in der christlich-abendländischen Kultur tief verwurzelten Begriff „Stall" neutral bzw. objektiv zu verwenden. Sie polarisieren und wecken Emotionen, aus denen sich gesellschaftliche Diskussionen speisen. Es gibt keine Garantie, dass sich diese öffentlichen Debatten umkehren lassen. Scheinbar selbstverständliches steht plötzlich in Frage. Ethische

Grundhaltungen der Landwirte und ihrer Familien werden medienwirksam in Zweifel gezogen.

Entscheidung und Verantwortung: Wer hat was zu sagen?

Fünf Aufgaben im Überblick:

- Kläre und gestalte Eigentümerstrukturen!
- Gestalte die Rechtsform aus!
- Regle die Entscheidungskompetenzen!
- Schaffe Organisationsstrukturen!
- Definiere „Spielregeln"!

Die Einsamkeit des Entscheiders

Vielfach ereilen uns die Folgen der eigenen Erfolge. Der klassische Bumerangeffekt:

Er beschreibt in der Systemtheorie eine eigentlich erwünschte Ursache-Wirkungs-Beziehung, die indessen im Ergebnis zu unerwünschten „Nebenwirkungen" bis hin zu Krisen und Katastrophen führt (siehe dazu: Radermacher und Beyers 2007).

Bumerang-Effekt = Rebound-Effekt

Unser „Einmannsystem", das arbeitswirtschaftlich bei allzu flüchtiger Betrachtung in der Nähe des Leitbilds „Familienbetrieb" anzusiedeln wäre, könnte durchaus als Erfolgsmodell gelten.

In den 50er Jahren brachte ein bedeutender Traktorenhersteller mit diesem Begriff seine Geräteträger auf den Markt.

Einmannsystem

Konsequent haben die landwirtschaftlichen Unternehmen ihre Arbeits-Produktivität vervielfacht: „Einer ackert, 144 werden satt" (Deutscher Bauernverband 2015) hieß es 2012, wobei dieses Verhältnis noch 1949 bei eins zu zehn lag. Diese Entwicklung gilt als Ausweis gestiegener Leistungsfähigkeit des Sektors.

Genau diese Erfolgsgeschichte droht eine Reihe von Familienbetrieben heute einzuholen, denn bequemer wurde es durch die Produktivitätsfortschitte nicht. Es ist nicht leichter geworden, ein landwirtschaftliches Unternehmen erfolgreich zu führen. In der Rechtsform der Einzelunternehmung aufgestellt, arbeitswirtschaftlich ausgelastet bis an die Grenzen der Kapazitätsreserven stehen viele Unternehmen mit Blick auf ihre zukünftige Weiterentwicklung vor der Frage: Wie wären Erweiterungsinvestitionen eigentlich überhaupt zu stemmen? Nicht mehr nur vorrangig aus Sicht der Finanzierung oder der immer drängender spürbaren Flächenknappheit. Sondern ausdrücklich mit Blick auf die Engpässe, qualitativ hochwertige Arbeitserledigung zu gewährleisten.

Strukturwandel findet draußen statt. Er bezeichnet die Veränderung der Zahl landwirtschaftlicher Betriebe und damit die Anpassung der Betriebsstrukturen. Dieser Strukturwandel draußen wirkt sich aber auch auf die Strukturen drinnen aus. Die Unternehmensstrukturen sind wesentlich mitbestimmt durch die Rechtsform und das organisatorische Grundmuster des Unternehmens. Wächst es, übt das ggf. einen Anpassungsdruck auf diese Strukturen aus. Bei der Gestaltung von Wachstumsprozessen rücken zunehmend kooperative Strategien ins Blickfeld.

Eindeutige Entscheidungsstrukturen

Der Unternehmer trägt die Verantwortung für alles, was im Unternehmen geschieht oder unterbleibt. In einem Unternehmen mit mehreren Arbeitskräften lassen sich indessen Arbeit und auch Entscheidungskompetenz delegieren – in Maßen allerdings. Denn am Ende des Tages fällt alles auf den Unternehmer zurück. Wo mehrere Beteiligte am Unternehmenserfolg mitwirken, sind die Kompetenzen zu klären. Sei es zwischen Arbeitskräften aus der Familie, sei es zwischen Arbeitskräften von außerhalb des Unternehmens.

Besonders heikel ist diese Frage dort, wo ggf. noch Altenteiler oder Eheleute gewissermaßen stillschweigend Mitsprache- oder zumindest Vetorechte beanspruchen. Klären Sie: Wer trifft Entscheidungen, wer verantwortet sie und wer regiert möglicherweise still mit? Die Eigentümerstrukturen schlagen sich unmittelbar in der Rechtsform nieder.

Stille
Entscheider

Die Wahl der Rechtsform

Die Entscheidung für eine Rechtsform folgt in der Regel der Tradition. Die bereits vorhandene Rechtsform aus der Vergangenheit ist „automatisch" auch die Rechtsform der Zukunft. Zunehmend aber stellt sich die Frage nach der richtigen Rechtsform bei der Aufnahme neuer Betriebszweige, die in die Gewerblichkeit tendieren, oder in Kooperationen.

Die Frage nach der richtigen Rechtsform bemisst sich an vier Kriteriengruppen. Zunächst geht es um die Frage nach dem **Einstieg und Ausstieg**. Einzelunternehmen und Personengesellschaften, insbesondere die Gesellschaft bürgerlichen Rechts, erlauben einen einfachen Einstieg ohne rechtlich eng bindende Rahmensetzungen. Zu den Personengesellschaften zählt auch die Kommanditgesellschaft (& Co KG).

Machen Sie aus Ihrem Unternehmen mit Vergangenheit Ihr Unternehmen mit Zukunft!

Das zweite Kriterium betrifft die **Haftungsfragen**. Einzelunternehmen und GbR zeichnen sich durch die unbeschränkte Haftung der Unternehmer aus. Das heißt: Sie haften in vollem Umfang mit ihrem Privatvermögen für die Verbindlichkeiten des Unternehmens und Ansprüche ihm gegenüber. Das kann sich von der Produkthaftung über lebensmittelrechtliche bis hin zu umweltrechtlichen Haftungsfragen erstrecken. Bei der Kommanditgesellschaft, KG, gibt es mindestens einen unbeschränkt Haftenden, den Komplementär, sowie einen oder mehrere Kommanditisten, deren Status sich dadurch auszeichnet, dass sie nur bis zur Höhe ihrer Einlagen haften. Die

Kapitalgesellschaften, die eigene juristische Personen bilden, sind mit einer Haftungsbeschränkung versehen. Das gilt für die Gesellschaft mit beschränkter Haftung, GmbH, die Aktiengesellschaft, AG, die eingetragene Genossenschaft, eG, und ähnliche.

Eine dritte Kriteriengruppe für die Wahl der Rechtsform zielt auf **rechtliche Rahmenbedingungen** ab, die mit der Land- und Forstwirtschaft verbunden sind. Beispielsweise können Besonderheiten im Erbrecht, im Baurecht oder im Grundstücksverkehrsrecht die Wahl einer Rechtsform begünstigen, die den Landwirt-Status zulässt. Die vierte Kriteriengruppe bezieht sich auf fiskalische Aspekte, **Besteuerung und staatliche Förderung**. Land- und Forstwirtschaft erfahren hier Sonderregelungen. Einkünfte aus Land- und Forstwirtschaft sind durch das Verhältnis von Tieranzahl zu vorhandener Fläche und auch den Umfang gewerblicher Einkünfte oberhalb bestimmter Grenzen oder in Nebenbetrieben bestimmt.

Wie in der gewerblichen Wirtschaft kommen auch Kombinationen der Rechtsformen vor. Ein bekanntes Beispiel ist die GmbH & Co KG, die Vorteile der Personengesellschaft KG mit dem Vorteil der Haftungsbeschränkung der GmbH verknüpft. In der Landwirtschaft Westdeutschlands spielt die Einzelunternehmung eine dominierende Rolle, während die ostdeutsche Landwirtschaft durch ein vielgestaltigeres Nebeneinander unterschiedlicher Rechtsformen gekennzeichnet ist, in dem auch die GmbH, die eG und die AG nennenswert in Erscheinung treten.

Die Dynamik der Branche und die Notwendigkeit, auch künftig wachsen zu können, braucht anpassungsfähige Strukturen. Die Frage, inwieweit die traditionelle Rechtsform eines Unternehmens den Anforderungen an die Unternehmensführung, -entwicklung und -finanzierung gerecht werden kann, gewinnt an Bedeutung.

Erfolg organisieren

Die für viele landwirtschaftliche Familienbetriebe wichtigste und herausforderndste Strukturveränderung ist die Entwicklung hin zu einem Unternehmen mit **Mitarbeitern**, ländlich-fachlich als „Fremd-Arbeitskräfte" bezeichnet. Zwei Gründe machen die Herausforderung dieses Wachstumsschritts aus. Einerseits gilt es, sich trittsicher auf dem möglicherweise ungewohnten Feld der Mitarbeiterführung bewegen zu müssen. Andererseits geht mit der Entscheidung zu einem Unternehmenskonzept mit Mitarbeitern auch die Notwendigkeit einher, Investitionsvolumina zu stemmen, die eine weitere Arbeitskraft voll auszulasten; keine geringe Hürde angesichts der Tatsache, dass der Kapitalbedarf für einen Arbeitsplatz in der Landwirtschaft leicht bei deutlich über einer halben Million € liegen kann.

Jede Organisation des Aufbaus oder der Abläufe im Unternehmen geht von der Grundannahme aus: Entscheiden ist die unternehmerische Königsdisziplin. Der Unternehmer ist Herr im Haus. Der Zustand des Unternehmenshauses ist Resultat der Summe seiner Entscheidungen, bzw. der Entscheidungen, die er zwar delegiert, deren Gesamtverantwortung er „am Ende des Tages" aber doch zu tragen hat. Er ist es, der Aufgaben festlegt, bündelt und dadurch übertragbar macht. Dieses Delegieren verlangt eindeutige Strukturen, um sowohl Doppelarbeit als auch weiße Flecken in den Zuständigkeiten innerhalb des Unternehmens zu vermeiden.

In welcher Rechtsform, in welchem Organisationsmuster auch immer: Wichtig ist, die Strukturen so auszurichten, dass jederzeit die Entscheidungs- und Handlungsfähigkeit gewährleistet ist. Das heißt: Klarheit darüber, wer den Hut auf hat. Etwas akademischer ausgedrückt: Kongruenz von Aufgabe, Budget und Verantwortung. Nur da, wo derjenige, der eine Aufgabe wahrnimmt, auch die dazu notwendigen Ressourcen-Budgets (Zeit, Kapital ...) übertragen bekommt und schließlich auch zur Verantwortung für den Grad der Aufgabenerfüllung

> Schaffen Sie Klarheit, wer den Hut auf hat.

und den effizienten Einsatz der Ressourcen gezogen wird, können Entscheidungs- und Organisationsstrukturen reibungsarm funktionieren (Züger 2007). Das gilt als Leitprinzip zwischen Gesellschafter und Geschäftsführer (im landwirtschaftlichen Familienbetrieb in der Regel identisch), für den Aufbau von Organisationsstrukturen und die Gestaltung von Verfahrensabläufen und schließlich ganz besonders auch für eine zugleich motivierende, fordernde und faire Personalführung.

In Kooperationsunternehmen kommen dann noch Steuerungsaufgaben dazu, die aus der besonderen Gestaltungsaufgabe gemeinschaftlich zu treffender Entscheidungen bezüglich Unternehmenspolitik, strategischer Unternehmensentwicklung, der Gestaltung täglicher Produktionsabläufe und schließlich der Gewinnverteilung resultieren.

Das Karajan-Syndrom

Es gibt Chefs, die stehen ständig unter Strom. Leicht kann da passieren, was dem Dirigenten Herbert von Karajan anekdotisch zugeschrieben wird (Hagmann 2002): Er eilt ins Taxi und antwortet auf die Frage des Fahrers nach dem Ziel atemlos: „Egal wohin, ich werde überall gebraucht." Sie sehen, Sie sind in bester Gesellschaft, wenn es auch in Ihrem Unternehmen so zugehen sollte, dass Sie – egal wo Sie gerade gehen oder stehen – das Gefühl haben, genau jetzt und genau hier ganz dringend unersetzlich zu sein.

Wachsen braucht Arbeitsteilung, Arbeitsteilung braucht die Fähigkeit zu delegieren. Delegieren bringt auch die Aufteilung der Informationsströme mit sich. Dabei gilt für die Unternehmensführung: Vorsicht vor zuviel operativer Information. Der Chef muss sicher sein, alle Informationen dann abrufen zu können, wenn er sie benötigt. Er muss aber nicht fortwährend über jedes Detail informiert werden. Chefsache sind die Angelegenheiten, die niemand anderes als der Chef selber entscheiden kann. Geben Sie Acht, dass diese nicht so viele werden, dass Sie Ihr Unternehmen ungewollt mit einer Delegationssperre ausstatten. Wer sich jede Entscheidung selbst vorbehält, kann nichts delegieren. Das bremst Wachstum und könnte Mitarbeiter demotivieren, denen sonst möglicherweise mehr zuzutrauen wäre.

Fairplay

Schaffen Sie in Ihrem Unternehmen ein Umfeld, in dem sich alle Eigentümer, Verantwortungsträger, Mitarbeiter, Kooperationspartner, Dienstleister und ggf. auch Marktpartner langfristig wohlfühlen können. Sicher gehört eine durch die V-Wörter Vertrauen, Verlässlichkeit und Verantwortung geprägte Atmosphäre dazu. Sie spielen nicht nur im Unternehmen sondern auch im Führungsverhalten des Unternehmers und in seinem Verhältnis zu den Mitarbeitern eine wichtige Rolle. Sie sind die Basis für eine lebendige, entwicklungsfähige Organisation und eine nachhaltige Personalpolitik.

Konten und Kassen: Finanzen im Unternehmen

Fünf Aufgaben im Überblick:

- Stelle die Jahresabschlüsse fest!
- Entwickle finanzwirtschaftliche Vorgaben!
- Steuere Rentabilität, Liquidität, Stabilität und Flexibilität in der Finanzierung!
- Baue Finanzierungsstrukturen auf und pflege sie!
- Schaffe die Voraussetzungen für Entwicklung und Wachstum!

Der Jahresabschluss: Erfolgsbuch des Unternehmens

Im Jahresabschluss geben Bilanz sowie Gewinn- und Verlustrechnung (GuV) Auskunft über die Vermögens-

Bringen Sie die Zahlen zum Sprechen: Der Jahresabschluss erzählt Geschichten aus der Vergangenheit – das Controlling fasst die Zukunft in Zahlen.

und Ertragslage des Unternehmens. Die Bilanz wird zu Anfang des Wirtschaftsjahres und an dessen Ende erstellt. Die Schlussbilanz wird gleichzeitig zur Anfangsbilanz des Folgejahres. Die beiden Seiten der Bilanz, die Aktiv- und die Passivseite, befinden sich stets im Gleichgewicht, was in der Identität der auf beiden Seiten ermittelten Bilanzsumme zum Ausdruck kommt.

Die linke, die **Aktivseite**, führt mit dem Anlage-, Tier- und Umlaufvermögen die Wirtschaftsgüter des Unternehmens in € bewertet auf. Sie gibt damit Auskunft über die Höhe und die Struktur des Unternehmensvermögens.

Die **Passivseite** weist mit dem Eigen- und dem Fremdkapital die Herkunft der Mittel aus, mit denen das Unternehmensvermögen finanziert ist.

Wenn auch erhebliche Bewertungsspielräume insbesondere bezüglich der historischen Bodenwerte, der Abschreibungen auf Anlagevermögensgüter und der Vorräte bestehen, gibt die Bilanz Ihnen einen Überblick über die Entwicklung des Vermögens Ihres Unternehmens und dessen Finanzierung über die Jahre hinweg. Während die Bilanz Werte zu bestimmten Stichtagen erfasst, laufen in der GuV die gesamten ertrags- und aufwandseitigen Geschäftsvorfälle im Unternehmen zusammen. Sie bildet also Fließgrößen ab und ermittelt den Erfolg des Unternehmens als Gewinn oder Verlust. Weitere Bestandteile wie Vermögensverzeichnisse oder Kontenübersichten können die beiden Pflichtbestandteile des Jahresabschlusses ergänzen, die Bilanz und die GuV. Nutzen Sie dieses Werk unternehmerisch als in Zahlen gefassten Rechenschaftsbericht Ihres unternehmerischen Jahresverlaufs. Nutzen Sie ihn darüber hinaus dazu, Ihre grundlegenden Controlling-Werkzeuge im Unternehmen daraus abzuleiten. Seine umfassende und zusammenhängende Kontensystematik ist zugleich das Aufbauprinzip für unterjährige Zahlenwerke wie Geldrückbericht oder betriebswirtschaftliche Auswertungen. So bietet er sich als Maßstab auch für wichtige Kenngrößen im Controlling geradezu an.

Geordnete Verhältnisse

Die Finanzwirtschaft des Unternehmens folgt vier Qualitätskriterien:

- Rentabilität
- Liquidität
- Stabilität
- Flexibilität

Rentabilitätsanalysen messen den Erfolg, indem sie Ertrags- und Aufwandsrelationen abbilden. Sie setzen beispielsweise den Gewinn ins Verhältnis zum Umsatz (Umsatzrentabilität) oder zum Kapital (Eigen- und Gesamtkapitalrentabilität). Mit Hilfe dieser Verhältniszahlen kommen Sie zu einem Urteil, ob der Einsatz Ihrer Mittel in einem zufriedenstellenden Verhältnis zu dessen Ergebnis steht. Die Steuerung der Liquidität soll sicherstellen, jederzeit den Zahlungsverpflichtungen vollumfänglich nachkommen zu können.

Eine Verbindung zwischen Rentabilitäts- und Liquiditätsaspekten stellt der Cash Flow her. Er ermittelt sich aus dem Gewinn, korrigiert um die („nur") kalkulatorischen Ertragspositionen (d. h. abzüglich positiver Bestandsveränderungen zuzüglich negativer Bestandsveränderungen) sowie der („nur") kalkulatorischen Aufwandspositionen, wie z. B. der Abschreibung für Abnutzung (AfA). Der Cash Flow ist eine wichtige Kenngröße zur Binnenfinanzierungskraft des Unternehmens. Sie ermöglicht aussagekräftige Rückschlüsse auf die Kapitaldienstfähigkeit und die Investitionsfinanzierung aus Eigenmitteln. Die finanzwirtschaftliche Stabilität kommt insbesondere in der Kapitalstruktur zum Ausdruck (Eigenkapital- und Fremdkapitalquote), während die Flexibilität zum Ausdruck bringt, inwieweit die Vermögens- und Kostenstrukturen eine kurzfristige Anpassung an veränderte Rahmenbedingungen zulassen. Entsprechende Vorgaben für den angestrebten Unternehmenserfolg gehören zu den Unternehmeraufgaben. Aufgabe des

> Der Cash Flow zeigt die Binnenfinanzierungskraft.

Controlling ist, sie in Planung, Steuerung und Überwachung zu überführen. Die Wahl des richtigen Verhältnisses zwischen diesen vier finanzwirtschaftlichen Kategorien hängt von der jeweiligen Unternehmenssituation sowie den Zielen und auch der Risikofreude des Unternehmers ab.

Kosten- und Leistungsrechnung

Kosten- und Erfolgsrechnung sind Werkzeuge, die im Controlling dazu dienen, die ökonomische Effizienz der wirtschaftlich relevanten Aktivitäten – von Einkauf über Verarbeitung bis zum Verkauf – zu überblicken. In der Praxis sind drei Kostenrechnungssysteme gebräuchlich (Langosch 2010):

Die **Kostenartenrechnung** beantwortet die Frage, **welche** Kosten im Unternehmen anfallen, z. B. fixe oder variable Kosten. Beispiele für die Kostenartenrechnung sind etwa die Konten der Gewinn- und Verlustrechnung sowie die Deckungsbeitragsrechnung. Die Kostenartenrechnung hilft Ihnen, die Produktionsschwelle zu ermitteln. Sie liegt dort, wo die variablen Kosten gedeckt sind. Von hier an kann es für einen eng begrenzten Zeitraum sinnvoll sein, zu produzieren, wenn die Fixkosten sowieso anfallen und über den Verkaufserlös zumindest ein Teil der fixen Kosten mit gedeckt wird. Langfristig führt eine Orientierung an der Produktionsschwelle statt an der Gewinnschwelle zu nachhaltigen Verlusten. Die **Gewinnschwelle** entspricht dem Punkt, von dem an aufwärts Gewinn entsteht, da sämtliche entstandenen Kosten gedeckt sind.

Die **Kostenstellenrechnung** beantwortet die Frage, **wo** die Kosten im Unternehmen anfallen. Beispiel dafür sind Anlagegüter wie Stall, Werkstatt, Maschinen oder Verwaltung. Die Kostenstellenrechnung gibt Hinweise darauf, ob möglicherweise die Auslagerung von Leistungen zu Effizienzvorteilen führt.

Die **Kostenträgerrechnung** fragt danach, **wofür** Kosten anfallen. Sie nimmt also die Produkte und Leistungen zum Gliederungsmaßstab. Die **Stückkostenrechnung** in der Betriebszweiganalyse ist ein Beispiel für dieses Muster: Kosten in € bezogen auf den Liter Milch, die dt Getreide oder das kg Schlachtgewicht. Eine präzise Kostenträgerrechnung erlaubt, kostendeckende Preise zu ermitteln. Ergänzt um einen Gewinnaufschlag ergeben sie den aus Sicht des Unternehmens richtigen Verkaufspreis. Selbst wenn Sie Mengenanpasser sind, also den Getreidepreis nehmen, den Ihr Händler Ihnen angelehnt an die Marktnotierungen zugesteht: Sie finden mit Hilfe akkurater Kostenträgerrechnung die Gewinnschwelle heraus, den Preis, bei dem sämtliche Kosten gedeckt sind.

Jedes dieser Kostenrechnungssysteme hat seine Berechtigung, weil jedes eigenständige Fragen beantwortet. Achten Sie darauf, sie nicht unzulässig zu vermischen. In der Summe muss jedes Kostenrechnungssystem insgesamt alle Kosten abbilden. Die Summe ist also bei allen drei Systemen gleich. Der Schritt von der Kosten- zur Leistungsrechnung erfolgt, indem die Leistungen aus der Produktion deren Kosten gegenübergestellt werden. Wenn es Ihnen gelingt, Einfluss auf den Verkaufspreis nehmen zu können, bekommen Sie neben den Kosten den zweiten großen Einflussfaktor auf den Gewinn in die Hand.

Immer flüssig: Liquiditätsüberwachung

Preisschwankungen sind nicht nur eine Frage der Rentabilität. Abbildung 5 zeigt modellhaft, wie stark sich Preisschwankungen auch auf das Liquiditätsgeschehen auswirken können. Das Beispiel beruht auf mittleren Größenordnungen der Produktionszweige. Die Marktpreisschwankungen waren für den Marktverlauf der Jahre 2005 bis 2010 nicht untypisch. Die Hochrechnung der Preise auf ein Jahr ist nicht gänzlich realistisch, erleichtert aber den Blick auf das Wesentliche. Sie erkennen: Die Umsätze schwanken erheblich

Beispiel
Milchvieh

Der Milcherzeuger mit 100 Kühen und einer durchschnittlichen Herdenleistung von jährlich 8.000 kg/Kuh käme in einem mittleren Preisszenario (0,33 ct/kg) auf einen auf's Jahr hochgerechneten Umsatz von 264 T€. In einem Niedrigpreisszenario (0,25 ct/kg) würde der auf's Jahr hochgerechnete Umsatz auf 200 T€ abschmelzen. Im Hochpreisszenario (0,40 ct/kg) entstünde ein Umsatz von 320 T€.

Liquiditätsplanung ist eine Controlling-Aufgabe und Voraussetzung für die zuverlässige Zahlungsfähigkeit. In der Liquiditätsplanung werden die Einzahlungs- und Auszahlungsströme des Unternehmens auf das Jahr aufgeteilt und zueinander in Beziehung gesetzt. Am einfachsten entwickeln Sie den Liquiditätsplan aus der Gewinn- und Verlustrechnung und streichen die kalkulatorischen, d. h. die nicht unmittelbar bankkonto- oder kassenwirksamen Positionen heraus. Sie fügen dann die nicht-gewinnwirksamen Zahlungsströme an:

Abb. 5
Auswirkungen von
Preisschwankungen
auf das Liquiditäts-
geschehen in unter-
schiedlichen
Betriebszweigen
(Quelle: nach
Gründken 2010)

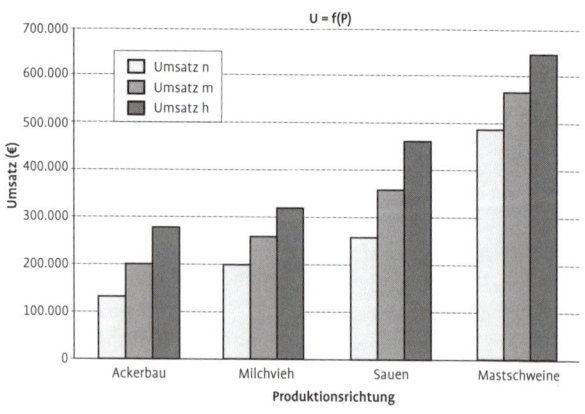

Produktion	Umfang	Einheit	Ertrag	Einheit	Preis	Umsatz n	Preis	Umsatz h	Preis	Umsatz m
	Stück				€	€	€	€	€	€
Ackerbau	150	ha	80	dt/ha	11,00	132.000	23,00	276.000	17,00	204.000
Milchvieh	100	Kühe	8.000	kg/Kuh	0,25	200.000	0,40	320.000	0,33	264.000
Sauen	270	Sauen	25	Ferkel/Sau	38,00	256.500	68,00	459.500	53,00	357.500
Mastschweine	1.500	Mastplätze	3	MS/Platz/a	1.120,00	486.000	160,00	648.000	140,00	567.000

- Einlagen und Entnahmen
- Darlehen und Tilgungen
- Investitionsfinanzierungen

Auf diese Weise ermitteln Sie monatliche Salden und Kontoendstände.

Liquidität – Spielfeld für den Unternehmenserfolg

Ungenügendes Liquiditätsmanagement führt gelegentlich zu unrentablen Sachzwängen – beispielsweise dann, wenn Überziehungen der Kontokorrentlinien erforderlich werden, die mit besonders hohen Zinssätzen belegt sind. Eine Vernachlässigung der Rentabilitätsaspekte führt nicht nur zu kurzfristigen Gewinneinbußen, sondern wird langfristig die Fähigkeit des Unternehmens beeinträchtigen, aus seinem Ertrag heraus die erforderliche Liquidität darzustellen. Das gilt insbesondere für wachstumsorientierte Unternehmen, da größere Wachstumsschritte in der Regel mit größeren Investitionen einhergehen, die wiederum zum **Investitionszeitpunkt** zu finanzieren sind, aber erst über den **Investitionszeitraum** zu Rückflüssen führen.

> Liquidität und Rentabilität – ein Wettlauf unter Ungleichen

> Tatsächlich gilt: Liquidität ist nicht alles, aber ohne Liquidität ist alles nichts.

Ohne zuverlässige Liquidität ist der Bestand des Unternehmens möglicherweise sogar akut gefährdet. Andererseits ist die Sicherung der Liquidität keineswegs ausreichend für irgendein weitergehendes Zielfeld des Unternehmens. Achten Sie darauf, dass Ihr Controlling beiden Aspekten Rechnung trägt: Liquidität und Rentabilität.

Wachstum durch Finanzierung

Zu den wichtigen Voraussetzungen für Unternehmenswachstum gehört selbstverständlich eine Finanzierungsstruktur, die erforderliche Investitionen erlaubt und Vertrauen gegenüber den Kapitalgebern schafft. Nehmen Sie Maß an anerkannten Richtlinien wie der goldenen Bilanzregel:

Finanzieren Sie langfristige Maßnahmen langfristig, mittelfristige mittelfristig und kurzfristige kurzfristig.

Andere, althergebrachte Regeln stehen zur Disposition. Die Empfehlung „eine Ernte auf dem Halm, eine im Lager und eine auf dem Konto" kann vielfach den heutigen Anforderungen an die Finanzierung von Großinvestitionen nicht mehr gerecht werden. Sorgen Sie auch dafür, dass Wachstumsschritte mit Blick auf die vier finanzwirtschaftlichen Kriteriengruppen Rentabilität, Liquidität, Stabilität und Flexibilität geplant werden. Mit zunehmender Größe der Investitionsvorhaben ist eine Finanzierung mit Augenmaß in diesem Sinne vertrauenschaffend – für Sie selbst und im Verhältnis zur Hausbank.

Produkte und Leistungen: Machen wir das Richtige?

Fünf Aufgaben im Überblick:

- Bestücke die Produkt- und Leistungspalette!
- Verankere die Qualitätsniveaus der Erzeugnisse und Leistungen!
- Verstehe und gestalte die Produktlebenszyklen!
- Organisiere die Produktentwicklung!
- Erkenne und verstehe die Natur privater und öffentlicher Güter!

In den Produkten und Dienstleistungen bündelt sich die produktionstechnische Kompetenz des Unternehmens. Sie bilden die Grundlage für die Austauschbeziehungen auf den Absatz- und Beschaffungsmärkten. Art und Umfang der Erzeugung spiegeln Qualitäts- und Leistungsversprechen des Unternehmens gegenüber Marktpartnern, Mitarbeitern und ggf. auch den Gesellschaftern wider. Das Augenmerk der Unternehmensführung ist daher darauf zu richten, dass das Leistungsangebot aktuell, marktgängig sowie zukunftsfähig ist und von

Abnehmern bzw. Verbrauchern über die Wertschöpfungsebenen hinweg mit Wertschätzung und Zahlungsbereitschaft gewürdigt wird. Das ist nicht nur eine Aufgabe des Marketing sondern auch eine Frage von Gestaltungswillen, -kraft und Kreativität. Ein kleiner Vorsprung der Produktentwicklung vor dem allgemeinen Marktbedarf kann hilfreich und profitabel sein. Überlegen Sie gut, ob Sie nicht doch aufgrund Ihrer Fachkenntnis und Ihres „Riechers" schon heute wissen, was der Markt morgen wahrscheinlich will.

Nase vorn in der Produktentwicklung

Das kleine und das große ABC

Befragen Sie die Produkt- und Dienstleistungspalette Ihres Unternehmens darauf hin, ob sie Ihre strategische Ausrichtung widerspiegelt. Sind Sie festgelegt auf die Rolle des „Massenproduzenten", der zur Kostensenker-Strategie verdammt ist? Oder haben Sie Möglichkeiten, sich durch Produkteigenschaften wie Beschaffenheiten, Ausstattungsmerkmale, Zusatzservice oder Qualitätsstandards so unterscheidbar durch Klasse aus der Masse abzuheben, dass Sie für diese „Differenzierung" auch andere Preise am Markt durchsetzen könnten? Entspricht Ihr Produktportfolio den Trends, die Sie für Ihr Unternehmen und Ihre Region wahrnehmen? Sehen Sie Chancen, technischen Fortschritt so einzusetzen, dass Sie innovative Produkte und Dienstleistungen anbieten und integrieren können? Oder sollten Sie umgekehrt ihre Angebotspalette um solche bereinigen, die Sie mit Hilfe der Portfolio-Analyse als arme Hunde identifiziert haben?

Schaffen Sie ein Bewusstsein dafür, was Sie eigentlich herstellen und vermarkten: Sind Sie eher Milcherzeuger oder Rinderzüchter? Verkaufen Sie Kaffee oder das Ambiente Ihres Bauernhofcafés? Schaffen Sie Klarheiten über Ihre Haupterzeugnisse, die Neben- und die Beiprodukte. Machen Sie Ihre Haupterzeugnisse zum Maßstab Ihrer Entscheidungen im Zimmer Produkte und Leistungen. Ein Werkzeug zur regelmäßigen Überprüfung der

Identitätsstiftend: Die Leistungspalette Ihres Unternehmens. Entwickeln Sie sie behutsam aber konsequent!

Angebotspalette ist die ABC-Analyse. Identifizieren Sie die wichtigsten (A-) Produkte von den weniger wichtigen (B-) und von denjenigen, die nicht mehr so recht zum Unternehmen passen (C-Produkte). Sortieren Sie nach unterschiedlichen Kriterien, die Entscheidungen zugunsten oder zuungunsten eines Produktionszweigs oder einer Produktvariante beeinflussen. Dazu gehören

- der Gewinn- und Deckungsbeitrag
- persönliche Neigungen
- der Umsatzanteil
- die Entwicklungs- und Wachstumsmöglichkeiten
- vorhandene Know How-Vorsprünge

Rangieren Sie Ihre Produkte und Dienstleistungen unter diesen und ggf. weiteren Gesichtspunkten um herauszufinden, inwieweit das Produktionsprogramm Ihres Unternehmens (noch) auf der Höhe der Zeit ist. Diese Prüfung sollte in vernünftigen Abständen, etwa jährlich, oder zu Anlässen wie etwa größeren Ersatz-, Erweiterungs- oder Neuinvestitionen stattfinden. Sie dient der Vergewisserung, dass die Prioritäten der Leistungspalette sich auch in der Prioritätensetzung in den anderen Bereichen der Unternehmensführung angemessen widerspiegeln. Bei dieser Bewertung steht der Aufbau einer Rangfolge im Vordergrund, nicht etwa ein nachkommastellengenaues Zahlenwerk.

Leben und leben lassen

Im Zimmer Produkte und Leistungen spielt ein weiterer, in der Landwirtschaft nicht immer ganz einfach aufzudeckender Mechanismus eine Rolle: Der **Produktlebenszyklus**.

Beispiel PKW-Markt

Der Produktlebenszyklus lässt sich z. B. auf dem PKW-Markt leicht beobachten. Bevor ein neues Automodell auf den Markt kommt, braucht es einen Vorlauf von mehreren Jahren Entwicklungsarbeit. Rechtzeitig zum Markteintritt werden große Kommunikationskampagnen mit Werbespots, -anzeigen und redaktionellen Beiträgen in allen Medien sowie weiteren umfangreichen PR-Maßnahmen gefahren. Der Autokäufer muss in dieser **Einführungsphase** schließlich erfahren, dass es das neue Modell gibt.

An diese Einführungsphase schließt sich die **Wachstumsphase** an, in der die neuen Autos immer häufiger im Straßenbild auftauchen und dadurch ihrerseits Dynamik ins Marktgeschehen bringen. Der Kaufinteressierte muss nicht mehr Zeitung lesen, fernsehen oder im Internet surfen. Es reicht der Blick aus dem Fenster um festzustellen: Es gibt ein neues Auto. Wenn das neue Modell am Markt etabliert ist, wechselt der Markt für dieses Modell in die **Reifephase**. Die Zeit des dynamischen Wachstums aber ist um, es kehrt Ruhe im eroberten Marktsegment ein. Um die nun folgende Phase der **Marktsättigung** aufzulockern, legt jetzt das Produktmanagement ein „**Facelifting**" für das angejahrte Modell auf, das eine Anmutung von Frische und Innovation für das bewährte Modell erzeugt. Schließlich kommt danach die Phase der **Degeneration**, wenn der Wettbewerb noch neuere Modelle auf den Markt bringt oder das Nachfolgemodell aus dem eigenen Unternehmen das Vorläufermodell ablöst.

Irgendwann hier stoppt der Verkauf des alten Modells, fabrikneu ist nur noch der Nachfolger erhältlich.

Ein Produktlebenszyklus von der Einführungsphase bis zu Degeneration währt zwischen sechs und zehn Jahren. Der umfassende Lebenszyklus von der ersten Entwicklungszeichnung bis zur Verschrottung des letzten regulär am Verkehr teilnehmenden Exemplars der Modellreihe verläuft über Jahrzehnte.

Die Produktlebenszyklen für landwirtschaftliche Erzeugnisse sind eher länger, die Neuerungen nicht immer so gravierend erkennbar wie bei neuen Autos. Natürlich kommen auch hier neue Sorten und neue Qualitäten zur Marktreife. In Umbruchphasen entstehen gänzlich neue Produkte und Leistungen.

Nehmen Sie das Beispiel regenerativer Energien, die

nach Jahrzehnten der Produktentwicklung und einer politisch flankierten Einführungsphase ein dynamisches Wachstum durchlaufen haben und in Teilen vor der Reifephase stehen; dann nämlich, wenn Standorte oder Biomasse-Verfügbarkeiten an ihre Grenzen kommen. Am Beispiel der Windkraftanlagen ließ sich mit dem sogenannten „Repowering", dem Ersatz von Anlagen einer frühen Generation durch den Markteintritt einer nächsten, deutlich leistungsstärkeren Generation ein Lebenszyklus erkennen: Neue Techniken, andere Bauweisen.

Besonders dann, wenn Sie eine Differenzierungsstrategie verfolgen, gilt es aufmerksam zu beobachten, wann Reife- und Sättigungsphasen Anpassungen verlangen. Das ist der Zeitpunkt mit der Entwicklung verbesserter Nachfolger oder gänzlich neuer Produkte einen neuen Produktlebenszyklus zu starten. Beispiel Ökolebensmittel: Der Markt für diese Produktqualitäten entwickelt sich seit über zwei Jahrzehnten. Er war in der jüngeren Vergangenheit im Lebensmittelhandel ein Wachstumstreiber. Inwieweit das Marktpotenzial ausgeschöpft und von einem reifen Markt zu sprechen ist, ist nicht leicht zu sagen. Tatsächlich aber hat sich eine neue Produktqualität etabliert: Regional erzeugte Lebensmittel. Diese Produkteigenschaft war ursprünglich besonders den ökologisch erzeugten Lebensmitteln vorbehalten, aber auch dieser Markt hat sich bereits früh internationalisiert. Die Betonung der „Regionalität der Lebensmittel" nimmt wieder etwas Abstand von der ökologischen Produktqualität. Regional können auch konventionell erzeugte Lebensmittel sein.

Öffentlich oder Privat

Öffentliche Zahlungen haben nach wie vor und auf absehbare Zeit einen kräftigen Einfluss auf das wirtschaftliche Geschehen im landwirtschaftlichen Unternehmen. Nicht nur die Durchsetzbarkeit von Direktzahlungen sondern auch die Möglichkeit, landwirtschaftliche Bau-

und Entwicklungsvorhaben realisieren zu können, hängen zunehmend von der öffentlichen Akzeptanz für diese Maßnahmen ab. Eine Begründungshilfe sind die Leistungen einer sogenannten multifunktionalen Landwirtschaft, die der Gesellschaft in Form öffentlicher Güter zu Gute kommen. Öffentliche Güter zeichnen sich durch die Eigenschaft der „externen Effekte" aus. Externe Effekte treten immer dann auf, wenn sich die Folgen von Entscheidungen oder Handlungen nicht auf den Kreis derer beschränken, die unmittelbar davon betroffen oder daran beteiligt sind. Der Konsum externer Güter durch Dritte lässt sich nicht ausschließen und diese Dritten können aufgrund der Natur dieser Güter auch nicht unmittelbar zur Kasse gebeten werden. Trittbrettfahren ist möglich. Ein klassisches öffentliches Gut, das die Landwirtschaft zu Verfügung stellt, sind die gepflegten Naturlandschaften. Viele Menschen freuen

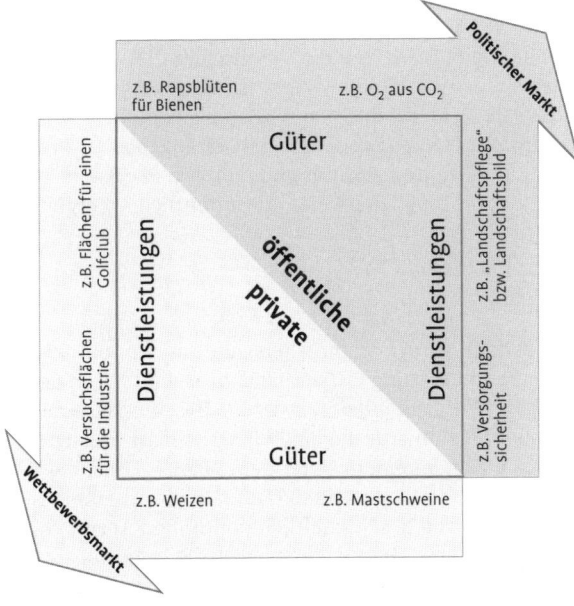

Abb. 6
Private und öffentliche Güter der Landwirtschaft

sich an gelb blühenden Rapsfeldern vor blauem Meeres-
panorama. Diese Landschaftsbilder sind als Folgen der
Landbewirtschaftung „Nebenprodukte" des Marktfrucht-
baus. Das Blühen des Rapsfeldes ist als „externer Effekt"
ein öffentliches Gut. Die Ernte selbst kann der Landwirt
„internalisieren", d. h. als „privates Gut" vermarkten.

Abbildung 6 zeigt die Zusammenhänge auf. Die Landwirtschaft erzeugt Produkte und Dienstleistungen. Diese
können jeweils als private Güter internalisiert sein, d. h.
der Erzeuger bekommt den Gegenwert der Leistung
über einen „privaten Markt" entgolten (siehe das Dreieck links unten). Private Güter sind die klassischen
Erzeugnisse der Landwirtschaft. Leistungen der Landwirte können aber auch „öffentlich" sein, d. h. der Erzeuger produziert nicht für den privaten Markt, sondern für
die Öffentlichkeit. Der Begriff multifunktionale Landwirtschaft steht für viele Leistungen, die keinen privat-
wirtschaftlichen Markt haben, sondern als öffentliche
Güter gewissermaßen auf politischen Märkten verhan-
delt werden. Dafür steht das Dreieck oben rechts in
Abbildung 6. Inwieweit die Gesellschaft diese öffentlichen Güter zu entlohnen bereit ist, entscheidet sich auf
politischen „Märkten". Wenn beispielsweise der gesellschaftliche Nutzen besonders umweltangepasster Produktionsverfahren erkannt und politisch anerkannt ist,
folgt daraus möglicherweise eine öffentliche „Vergü-
tung".

> Private Güter werden auf Märkten GEhandelt, öffentliche Güter werden politisch VERhandelt.

Greening

Die Bedeutung der öffentlichen Güter in der politischen
Auseinandersetzung mit der Landwirtschaft hat in der
jüngeren Vergangenheit mit der EU-Beschlusslage zur
Prämienregelung für die landwirtschaftliche Erzeugung
deutlich zugenommen. Unter dem Begriff „Greening"
ist eine Reihe von konkreten Maßnahmen zusammen-
gefasst, die den gesellschaftlich-politischen Anspruch
an die Landwirtschaft widerspiegeln (Bundesministerium für Ernährung und Landwirtschaft (Hrsg.):

Horst Reiser

„Von der Aussaat bis zum fertigen Produkt liegt alles in meiner Verantwortung. Das liebe ich an meinem Beruf."

Überzeugen Sie sich von BWagrar!

↓ Sie erhalten die nächsten 6 Ausgaben im Mini-Abo für nur 9,– Euro.

↓ Das Mini-Abo endet automatisch nach Erhalt der 6. Ausgabe.

6 Ausgaben im Mini-Abo
für nur 9,– Euro

**Bequem per Fax bestellen: 0711 4507 - 120 /
oder gleich online: www.bwagrar.de/miniabo**

Deutsche Post ✕
ANTWORT

Verlag Eugen Ulmer
Leserservice
Postfach 70 05 61
70574 Stuttgart

Das Porto
übernehmen
wir für Sie
·

Umsetzung der EU-Agrarreform, Ausgabe 2015. Berlin 2015, S. 10 ff.)

Ließen sich die Prämienregelungen in der EU-Finanzierungsperiode 2006-2013 noch als „Kompensation" für den Rückzug öffentlicher Interventionsmechanismen von den Agrarproduktmärkten lesen, so sind in der aktuellen siebenjährigen Förderperiode bis 2021 die Direktzahlungen in erheblichem Umfang an einzelbetriebliche Leistungen gebunden, die zu einer höheren Umweltverträglichkeit landwirtschaftlicher Erzeugung führen sollen. Fruchtfolgemaßgaben, Stilllegungen und Umbruchverbote sind plastische Beispiele für „öffentliche Güter der Landwirtschaft".

Wenn die Gesellschaft auch auf regionaler Ebene den Nutzen der landwirtschaftlichen Aktivitäten Ihres Unternehmens zur Kenntnis nimmt, kann das eine wirkungsvolle Argumentationshilfe im Dialog mit der Öffentlichkeit sein. Es ist indessen Ihre Aufgabe, diese Leistungen offensiv zu kommunizieren und selbstbewusst zu vertreten.

Tue Gutes – und rede darüber, am besten öffentlich!

Personal und Arbeit: Wie nehmen wir unser Personal mit?

Sechs Aufgaben im Überblick:

- Formuliere die Personalpolitik!
- Verankere Personalführungsgrundsätze!
- Plane Personalentwicklung und setze sie um!
- Stelle Personal ein – und aus!
- Verwalte und organisiere das Personal!
- Führe Personal: Leite Mitarbeiterinnen und Mitarbeiter an, weise sie ein und motiviere sie!

Ein produktives Arbeitsumfeld in einem Unternehmen erfordert organisatorische Klarheit und eine Personalpolitik, die qualifizierte, erfahrene und motivierte Mit-

arbeiter für das Unternehmen gewinnen kann – und sie
qualifiziert, erfahren und motiviert erhält.

Diese Führungsaufgaben sind für eine große Zahl
landwirtschaftlicher Familienbetriebe wenig gewohntes
Terrain. Anders als bei Familienarbeitskräften, deren
Bindung an das Unternehmen auf einer ganz eigenen
Grundlage beruht, wird die Verfügbarkeit von nicht-
familienangehörigen Arbeitskräften zunehmend zu
einem Wettbewerbsfaktor. Die Branche findet sich in
einem Spannungsfeld zwischen wachsendem Bedarf an
qualifiziertem Personal und einem zunehmend weniger
ergiebigen Arbeitsmarkt wieder. Besonders dort, wo die
Betriebe an den Grenzen des kontinuierlichen Wachstums angelangt sind, wird die Herausforderung greifbar.
Die Führungsaufgabe, eine qualifizierte Arbeitserledigung zu organisieren, unterscheidet sich grundlegend
von Investitionen ins Bilanzvermögen. Der Schritt vom
Familien- zum Mitarbeiter-Betrieb gleicht einem Spagat
mit erheblicher Spannweite:

• Erst wachsen, um die wirtschaftliche Basis für Mitarbeiter zu schaffen – und die Mitarbeiterführung dann
  Step by Step erlernen, wenn die Mitarbeiter im Unternehmen sind?
• Oder lieber erst Mitarbeiterführung erlernen – und
  dann das betriebliche Wachstum in Angriff nehmen?

Planen Sie weitsichtig. Trainieren Sie Ihre Personalfüh-
rungsfertigkeiten rechtzeitig. Bringen Sie durch vorausschauende Personalwirtschaft Bedarf und Verfügbarkeit
an qualifiziertem Personal zur Deckung. Übersehen Sie
bei Investitionen nicht den Anspruch an eine hochwertige Arbeitserledigung.

Personalpolitik: Aufgabe – Ressourcen – Verantwortung

Jeder Job braucht jemanden, der ihn verantwortungsbe-
wusst erledigen kann. Kernaufgabe der Personalpolitik
ist es, diesem Grundsatz der Delegation von Aufgaben

im Unternehmen Geltung zu verschaffen. Damit sind die drei Dimensionen schlüssiger Personalpolitik aufgeführt: Aufgabe, Ressourcen, Verantwortung. Sie verlangen von der Unternehmensführung klar definierte Aufgaben. Das geschieht einerseits in der Organisation und andererseits in der Form der zu erteilenden Weisungen an die Mitarbeiterinnen und Mitarbeiter. Voraussetzung, um übertragene Aufgaben zufriedenstellend zu erfüllen, ist zunächst die Mitarbeiterqualifikation und -erfahrung. Personalpolitik muss also die richtigen Personen für die richtigen Aufgaben finden. Das fällt umso leichter, je klarer die in einer Stelle zusammenlaufenden Aufgaben formuliert sind. Das muss nicht schriftlich sein, es geht auch im Kopf. Wichtig ist, dass es passiert. Die richtigen Mitarbeiter benötigen dann die für die Erledigung der Aufgabe notwendigen Ressourcen, sprich Arbeitsgerät, ggf. Budget und Zeit. In Analogie zur Stellenbeschreibung ist dieses ein entscheidendes Kriterium guter Personalführung und Personalpolitik:

Überfordere die Mitarbeiter nicht – aber unterfordere sie auch nicht!

Wichtiger als die Frage des Führungsstils ist die Klarheit in Weisungen und in der Rechenschaftslegung. Wer eine Aufgabe übertragen bekommt, hat ein Recht auf eine „Quittung", wenn sie erfüllt ist. Diese Form der Rechenschaftslegung hilft allen Beteiligten: Der Chef ist auf dem Laufenden in Sachen Arbeitserledigung. Der Mitarbeiter erfährt in der Rückkopplung, inwieweit die Aufgabe zur Zufriedenheit erfüllt wurde. Dieses Feedback ermöglicht „Lernen" – im Guten wie im weniger Guten. Je anspruchsvoller, je komplexer die zu erledigenden Aufgaben werden, desto höher schrauben sich die Anforderungen an das Personal, das sie zu erledigen hat. Komplexe Aufgaben verlangen vom Mitarbeiter die Fähigkeit, operative Entscheidungen zu treffen, Fehlentscheidungen zu erkennen und daraus zu lernen. Personalpolitik für zukunftsorientierte Unternehmen berücksichtigt diesen Zusammenhang in der Personalwirtschaft.

Minimumfaktor „Qualitätvolle Arbeitserledigung": Gute Leute, gute Laune

MiLoG

In der Vergangenheit galt in der Landwirtschaft: Feierabend wird´s, wenn die Arbeit erledigt ist. Das ist heute anders. Neue Anforderungen sind mit dem Gesetz zur Stärkung der Tarifautonomie MiLoG (Mindestlohngesetz) auf die Wirtschaft zugekommen – und damit auch auf die Landwirtschaft. Der Gesetzgeber hat hiermit einen sehr weitreichenden Schritt unternommen, Lohnstandards allgemeinverbindlich zu machen und diese Standards auch konsequent durchzusetzen.

In Verbindung mit dem Arbeitszeitgesetz gilt damit: Feierabend ist, wenn das verfügbare Zeitkontingent derjenigen Arbeitnehmer ausgeschöpft ist, für die das MiLoG gilt. Eine tarifvertraglich vereinbarte „Schonfrist" sorgt dafür, dass die grünen Branchen noch bis zum Jahr 2017 vom unteren Grenzwert von € 8,50 ausgenommen sind. Doch das Prinzip wirkt. Durch die mit diesem Gesetz verbundenen Aufzeichnungspflichten, die eine schriftliche, zwei Jahre aufzubewahrende Dokumentation des Arbeitsbeginns, -endes und der -dauer innerhalb von 7 Tagen nach dem jeweiligen Arbeitstag erzwingen, wird das Arbeitsgeschehen auf dem Betrieb transparent. Hinzu kommt die Bestimmung, dass geringfügig und kurzzeitig Beschäftigte (70 Tage bzw. 3 Monate) monatlich maximal 150 % der Regelarbeitszeit leisten dürfen. In Betrieben mit Arbeitsspitzen - oder auch Arbeitszeithochplateaus - kann das zu neuen Limitierungen und erheblichem Anpassungsbedarf führen.

Arbeitswirtschaft wird unternehmerisch anspruchsvoller

Unternehmerisch bedeutet das: die Arbeitswirtschaft des Betriebes ist aus einer weiteren Perspektive zu prüfen. Es geht nicht mehr nur darum, die Arbeitskräfte um die Arbeitsverfahren herum zu optimieren. Es geht vermehrt darum, die Arbeitsverfahren so an die Arbeitskapazitäten und -einsatzbedingungen anzupassen, dass sie mit den Maßgaben des aktualisierten Arbeitsrechts überein-

stimmen. Zu erwarten ist, dass verstärkt Automatisie-
rungen in den Fokus rücken, die Routinearbeiten aus
Lohnkosten- und Arbeitszeiterwägungen heraus reduzieren. Melk- und Fütterungsroboter könnten „Gewinner"
der gesetzlichen Regelungen werden. Kameras und Sen-
soren sind technisch weit ausgereift. Sie können auch
anspruchsvolle Überwachungs- und Kontrollaufgaben
übernehmen. Technische Lösungen sind verfügbar. Die
Frage besteht darin, inwieweit der gesetzgeberische
Impuls ausreichend Anlass ist, sie bereits jetzt – oder
doch erst im Zuge künftiger strategischer Investitionen
auf die Einzelbetrieb zu übertragen. Die Unternehmensführung wird folglich auch in der Arbeitswirtschaft
anspruchsvoller, da komplexer. Sie wird zu einem weiteren Gestaltungsfeld, in dem betriebsangepasste Lösungen gefragt sind.

Personalführung braucht Persönlichkeit

Die wichtigsten Anforderungen an den Unternehmer
bewähren sich in der Personalführung. Wer Führung
beansprucht, muss in der Lage sein Orientierung zu
geben, Ziele zu formulieren und zu kommunizieren.
Rufen Sie sich in Erinnerung: Es ist der Hausherr, der im
Unternehmenshaus autonome Vorgaben macht, machen
darf und machen muss.

Personalführung braucht neben Unternehmer- und
Fachkompetenz auch eine soziale Kompetenz um Weisungen erteilen und deren Umsetzung wirkungsvoll
anschieben zu können. Fachkompetenz und Führungs-
position gehören zu den „hard Skills", den harten Fertigkeiten. Sie sind die fachlich-inhaltlichen und institutio-
nellen Grundlagen, Aufgaben zu übertragen und die
Mitarbeiter mit den erforderlichen Ressourcen auszu-
statten: Befugnisse, Zeit, Geld und sonstige Hilfsmittel.
Die soziale Kompetenz gehört zu den „soft Skills", den
weichen Fertigkeiten. Sie umfassen das, was ein produktives Klima schafft, in dem sich Mitarbeiter langfristig
dem Unternehmen verbunden fühlen. Eine durch die

V-Wörter geprägte Atmosphäre unterstützt die Loyalität, die Motivation und das Engagement der Mitarbeiter im Unternehmen.

Das „Eisbergmodell"

In der Führungskommunikation spricht man vom Eisbergmodell. In dieser Metaphorik entsprechen die hard Skills dem sichtbaren, offen zutage liegenden Teil des Eisbergs oberhalb der Wasserlinie. Die soft Skills sind die unsichtbaren, unter der Wasseroberfläche verborgenen Teile des Eisbergs. Der Unterwasser-Anteil eines natürlichen Eisbergs beträgt rund 90 %.

Der Großteil der Führungskunst liegt also im Bereich der soft Skills. Die 90 % zeigen drastisch das Verhältnis von Kopf zu Bauch, von Verstand zu Gefühl, von Rationalität zu Emotion – kurz: von harten Faktoren zu weichen Faktoren in der Personalführung. Dieser für die Personalführung wichtige Zusammenhang ist selbstverständlich auch für Kooperationen interessant. Zwei Partner sind sich „oberhalb" der Wasseroberfläche einig. Der Verstand sagt: „Jawoll, alles stimmig". Aber unter der Wasseroberfläche rummst man schon kräftig zusammen. Irgendetwas nervt am anderen – oder am „Anhang", dem persönlichen Umfeld des anderen. Kleinigkeiten vielleicht nur – am Anfang. Aber das schaukelt sich möglicherweise hoch. Wenn dann die See rauer wird, dann kommt es zu üblen Karambolagen. Das wiederum gilt nicht nur in Kooperationen sondern eben auch in Fragen der Personalführung.

Wo Führungserfahrung fehlt, kann ggf. ein Coaching mit einem Profi in der Personalführung eine wirkungsvolle Maßnahme sein, die eigene Rolle in der Führung gemeinsam zu beleuchten und konstruktiv-kritisch zu befragen. So gewinnt die Führungskraft eine Einstellung zu ihrem eigenen Führungsverhalten und dem Umgang mit Einzelfragen der Führung ohne auf eine direkte Rückkopplung durch die Geführten angewiesen zu sein. Diese Reflexion ermöglicht eine gezielte Weiterentwicklung der eigenen Führungsqualitäten. Eine motivierende Füh-

Tab. 2 Zwei gegensätzliche Führungsstile	
Autokratisch	**Kooperativ**
Vorteile:	Vorteile:
klare Kante	partizipativ
„bequem"	lösungsorientiert, kreativitäts-
verlässlich	fördernd
	Eigenverantwortung stärkend
Nachteile:	Nachteile:
passive, angepasste	längere Abstimmungsprozesse
Mitarbeiter	insgesamt verzögerte Geschwin-
Unselbständigkeit	digkeiten
wenig kreativ	evtl. Disziplinschwierigkeiten

rungsqualität ist auch deswegen erforderlich, weil der Agrarsektor nicht zu den Hochlohnbranchen gehört. Wer leistungsfähige und –willige Mitarbeiter langfristig im landwirtschaftlichen Unternehmen halten will, wird das nicht nur über die Lohnhöhe erreichen können. Das „Beiblatt" muss stimmen. Ein Job in der Landwirtschaft ist nicht nur Broterwerb, sondern eine Lebenseinstellung!

Was man für Geld nicht kaufen kann: Motivation

Wenn die Aufbau- und Ablauforganisation eines Unternehmens mit „Physik" zu tun haben, weil sie Statik und Bewegung der Leistungserbringung gestaltet, hat die Personalführung die Rolle der „Chemie". Die muss stimmen in der Belegschaft und im Verhältnis von Chef und Mitarbeitern, damit die Arbeit nicht einfach nur getan, sondern gern und gut getan wird.
Personalführungsgrundsätze: Einem weit verbreiteten Glauben zufolge ist Geld ein starker Motivator. Die Erkenntnis, dass das zumindest im Verhältnis des Mitarbeiters zu seiner Arbeitseinstellung nicht immer stimmt, setzt sich allerdings zunehmend durch. So gilt heute ein Bündel aus ethischen, psychosozialen und auch wirtschaftlichen Faktoren als Grundlage für Motivation

(Sprenger 2005). Die ist ihrerseits auch nicht konstant, sondern nach Tagesform und Aufgabe veränderlich. Die gute Nachricht darin: Motivation ist nicht zwangsläufig eine Frage des Geldes. Der zweite Teil der Nachricht: Personalführung ist aufwändiger und verlangt eine größere Fantasie als einfach nur die Sprache der Geldbörse.

Führung ist auch die Kunst des Delegierens

Wichtig ist, dass der gewählte Führungsstil konsequent beibehalten wird – und nicht nach Wetterlage und Befindlichkeiten verändert wird. Die Folgen der Wetterwendigkeit in der Personalführung werden häufig unterschätzt. Mangelnde Konsequenz im Führungsstil sieht aus wie Opportunismus. Opportunismus bedeutet, sein Handeln am kurzfristigen Vorteil um jeden Preis auszurichten. Sie wird leicht als Führungsschwäche (miss-) verstanden. Sie steht im Widerspruch zum V-Wort Verlässlichkeit und hat einen hohen Preis, wenn sie eine Atmosphäre der Loyalität untergräbt oder sogar unterbindet. Sind unterschiedliche Mitarbeiter mit unterschiedlichen Entscheidungen konfrontiert, kommt eine „gefühlte" Ungleichbehandlung dazu; sie ist Gift für jedes Gemeinschafts- oder Wir-Gefühl im Unternehmen.

Verlässliche Führung schafft Vertrauen.

Sie müssen nicht alles besser können als andere! Andere müssen nicht alles besser können als Sie! Es ist ein etwas überkommenes Denken, das den Chef glauben lässt er müsse alles besser können als seine Leute – oder mindestens genauso gut. Nicht nur das: Es führt auch zu einem gefährlichen Trugschluss beim Delegieren von Aufgaben an Mitarbeiterinnen und Mitarbeiter. Eine starke Führungskraft kann mit starken Mitarbeitern leben. Denn es geht ja gerade darum, die Reichweite der eigenen Entscheidungen zu erhöhen. Dazu benötigen Sie die besten Kräfte. Lassen Sie sich nicht ein auf einen fruchtlosen stillschweigenden Wettbewerb darüber, wer die geradere Furche pflügt. Heute kann das ohnehin wahrscheinlich die GPS-Steuerung auf dem Traktordach am besten.

Tabelle 2 zeigt zwei sehr unterschiedliche Führungs-
stile, die in Reinform kaum vorkommen, wohl aber zwei
Pole einer Skala markieren, zwischen denen sich Personalführung abspielt. Der autokratische Führungsstil setzt
Eindeutigkeit, Klarheit und eine für beide Seiten nach-
vollziehbare Bequemlichkeit voraus. Der Chef weiß, was
er erwartet; der Mitarbeiter weiß, was zu tun ist. Der
Preis für diesen straffen Führungsstil besteht darin, dass
er wenig Raum für Eigenverantwortlichkeit der Mitarbeiter lässt und somit auch dessen Entwicklungsmöglichkeiten einschränkt. Kreativität ist wenig gefragt, das
Unternehmen verschenkt also die Möglichkeit, zusätz-
liche Lösungsmöglichkeiten für Aufgabenstellungen aus
dem so gebremsten engagierten Mitdenken der Mitarbeiter zu gewinnen. Der kooperative Führungsstil setzt
genau darauf: Auf Mitarbeiter, die Anteil nehmen und
neben ihrer physischen Arbeitskraft auch ihre Kreativität
in den Dienst des Unternehmens stellen. Mitdenken und
Mitmachen heißt die Parole. Der Preis für den kooperativen Führungsstil ist in Form längerer Abstimmungspro-
zesse und ggf. höherem Zeitbedarf zu entrichten.

Personalpolitik der Fairness

Ein für die Personalpolitik wichtiges Prinzip ist das Pareto-Optimum. Die menschliche Natur entwickelt einen
ausgeprägten Gerechtigkeitssinn. In der Mitarbeiterführung ist es folglich wichtig, eine Atmosphäre von Gerechtigkeit, zumindest gefühlter Gerechtigkeit zu schaffen.
Eine Situation, in der man die Position keines der Betrof-
fenen mehr verbessern kann, ohne einen anderen Betrof-
fenen schlechter zu stellen, heißt Pareto-Optimum. Dieses Optimum ist sensibel zu handhaben. Leicht lässt sich
argumentieren, man sei durch eine Entscheidung oder
Maßnahme benachteiligt, solange man dieses nicht konkret nachweisen muss. Allein das Vorhandensein des Ge-
rechtigkeitsempfindens kann bereits dazu führen, dass
unterschiedliche Löhne oder Lohnerhöhungen für einzelne Mitarbeiter zu einem subjektiven Gefühl der Benach-

Unterschätzen Sie das Gerechtigkeitsempfinden nicht – und auch nicht die fatalen Folgen, wenn Sie es doch tun!

teilung bei denjenigen führen können, die nicht dabei sind. Eine Atmosphäre von Neid und Missgunst kann daraus folgen. Die Kunst besteht darin, die Leistungsträger angemessen zu würdigen, ohne beim „Mittelbau" das Gefühl des Zurückgesetztseins entstehen zu lassen. Diese Aufgabe lässt sich konstruktiv ausschließlich mit Kommunikationsmaßnahmen erreichen. Es muss klar werden, dass es fair zugeht, dass Ungleichbehandlungen mit der Übernahme größerer Verantwortung einhergehen, dass der Gegenleistung (mehr Lohn) eine Mehrleistung gegenübersteht.

Leistung möglich machen

Veränderung findet statt, Veränderung tut not. Auch die Anforderungen an das Personal verändern sich. Aufgabe der Unternehmensführung ist das Personal zu befähigen, diesen Anforderungen auch künftig gerecht werden zu können. In denjenigen Unternehmen, in denen die Qualität der Arbeitserledigung eine Rolle spielt und in denen diese Qualität durch qualifizierte Mitarbeiter zu liefern ist, spielt Personalentwicklung künftig eine noch wichtigere Rolle.

Befassen Sie sich mit dem Thema Personalentwicklung, erschließen Sie sich die Instrumente und setzen Sie sie bedarfsweise ein. Sie helfen dem Klima und dem Ergebnis.

Personalentwicklung ist der Sammelbegriff für die beiden Aufgabenbereiche **Potenzialbewertung und Potenzialentwicklung.** Die **Potenzialbewertung** nutzt regelmäßige Leistungsbeurteilungen, Personalgespräche, strukturierte Interviews und Potenzialanalysen dazu, die fachliche Qualifikation und Erfahrung, die persönliche Eignung, die Teamfähigkeit und den Qualifizierungsbedarf zu ermitteln. **Potenzialentwicklung** bedient sich Trainings, Coachings, Mitarbeitergesprächen oder auch komplexerer Instrumente, die in Tabelle 3 aufgeführt sind, um Mitarbeiter darin zu unterstützen, ihr Potenzial zu entfalten und ggf. zur Übernahme von Führungsaufgaben zu befähigen.

Tab. 3 Aufgaben der Personalentwicklung	
Potenzialbewertung	**Potenzialentwicklung**
Aufgaben: Ermittlung von ...	Aufgaben:
... fachlicher Qualifikation und Erfahrung	Mitarbeiterbindung
... persönlicher Eignung	Potenzialentfaltung
... „Teamfähigkeit"	Befähigung zu Führungs-
... Qualifizierungsbedarf	aufgaben
Instrumente:	Instrumente:
regelmäßige Leistungs- beurteilungen	Training
Personalgespräche	Coaching
strukturierte Interviews	Mitarbeitergespräche
Potenzialanalysen	Jobrotation
	Supervision/Mentorenschaft
	(Trainee-) Programme

Verfahren und Abläufe: Erledigen wir unsere Aufgaben richtig?

Sechs Aufgaben im Überblick:

- Gestalte die „Blackbox" zwischen Vorleistungsliefe-ranten und Abnehmern!
- Richte die Produktionsverfahren an den Zielen und Rahmenbedingungen aus!
- Gewährleiste Produktivität, das heißt Effizienz im Faktoreinsatz!
- Steuere die „technische Seite" der Produktion!
- Integriere technischen Fortschritt in die Verfahren!
- Gestalte Fertigung als Teil überbetrieblicher Wert-schöpfung!

Produktionsverfahren mit Niveau

Das Qualitätsmanagement nimmt nicht nur Produkte sondern auch und besonders die Produktionsverfahren ins Visier. Mängel im Produktionsverfahren schlagen sich nieder in Produktmängeln oder in Belastungen für Umwelt, Arbeitssicherheit oder auch Effizienz. Es liegt daher nahe, den Grundgedanken des Qualitätsmanagements auch dort, wo es nicht durch externe Auditoren nach beispielsweise ISO-, DIN-, oder QS-Verfahren formalisiert ist, aufzugreifen und in die Steuerung der Produktionsabläufe zu integrieren. Fragen, die bei der internen Qualitätskontrolle für die Verfahren und Abläufe helfen, richten sich insbesondere auf die „Prozesshoheit", d. h.

- dem Verantwortungsbereich für die Verfahrensgestaltung,
- der Umsetzung der Verfahrensabläufe,
- den Anforderungen, die sich aus verschiedenen Richtungen wie Produktqualität, Umweltschutz, Arbeitssicherheit, produktionstechnische und ökonomische Effizienz an die Verfahren ergeben,
- der Dokumentation der Prozesse und schließlich
- nach der laufenden Effizienzverbesserung (Reimann 2010).

Routine oder Projektmanagement

Machen Sie doch mal ein Projekt draus ...

Die Produktionsverfahren und Arbeitsabläufe bilden die technische Seite der Produktion ab. Zu unterscheiden sind „Standard-Abläufe", das sind Routinen, die sich fortwährend in gleicher Weise wiederholen, und Abläufe mit wechselnden Anforderungen, Rahmenbedingungen oder Ausgangssituationen. Für erstere hilft es, Verfahren grundlegend festzulegen und diesem Muster dann Tag für Tag möglichst vorgabengetreu zu folgen. Anders bei stärker veränderlichen Abläufen: Hier könnte es helfen, mit der Idee und den Werkzeugen von Projektplanung und Projektmanagement zu arbeiten. Projekte sind individuelle Aufgaben mit klarer Zielsetzung und definiertem Zeitrahmen.

Sie könnten den Melkdurchgang als Routine definieren und davon ausgehen, dass sich täglich zweimal stets dasselbe wiederholt. Den Melkvorgang könnten Sie Handgriff für Handgriff in einem „Management-Handbuch" darstellen und zum verbindlichen Maßstab für alle Mitarbeiter machen, die diese Aufgabe übernehmen. Dann weiß jeder, was er zu tun hat, wenn er die Aufgabe übernimmt. Sie haben ausgeführt, wie viele Kühe zu melken sind, wo die Aufgabe zu erledigen ist, welche Geräte und Hilfsmittel zu nutzen sind, welche Zeitvorgaben einzuhalten sind und welches Arbeitsergebnis Sie erwarten.

In einer Hochzuchtherde könnten Sie aber auch jeden Melkdurchgang als ein „Projekt" definieren. Sie könnten – entsprechendes Datenmaterial vorausgesetzt – für jeden Melkdurchgang je nach Laktationsphasen der einzelnen Kühe in der Herde, der Saison, der verfügbaren Futterqualitäten u. a. m. gesonderte Ergebniserwartungen vorgeben.

Sie können jeden Mastdurchgang in Ihrem Maststall entweder als Routineverfahren behandeln oder als „Projekt", indem Sie spezifisch für jeden Durchgang in Abhängigkeit von Ferkeln, Futterverfügbarkeiten, Jahreszeit und Marktpreissituation Anpassungsmöglichkeiten flexibel vorsehen.

Beispiel Milchviehbetrieb

Sie könnten auch vorgehen wie die Deutsche Bahn oder die Lufthansa: Moderne Projektmanagementmethoden verstehen jede Verbindung, d. h. jede Zugfahrt und jeden Flug, als gesondertes Projekt. Diesem Projekt wird täglich nach den jeweils wechselnden Gegebenheiten ein Zug bzw. ein Flugzeug zugeordnet, eine Crew und die – ebenfalls ständig wechselnden – Passagiere, die Bordverpflegung, die Reinigungs- und Wartungsarbeiten vor Start und nach Ankunft usw.

Auch im Projektmanagement werden die Abläufe zergliedert und unter Effizienzgesichtspunkten miteinander kombiniert. Der Vorteil des Projektmanagements besteht in der konsequenten Konzentration auf das Ziel. Diese rückwärtsgesteuerte, d. h. vom Ergebnis her die Abläufe gestaltende Arbeitsweise, ist gegenüber Routineabläufen zwar zeit-, planungs- und steuerungsaufwändiger als eingefahrene Routinen, aber es erlaubt eine zielorientierte Kontrolle und laufend aktualisierte Aufwandssteuerung.

In Netzwerken navigieren

Produktionsabläufe im Unternehmen sind Teil vernetzter Wertschöpfungsprozesse mit vielfältigen außerbetrieblichen Anknüpfungspunkten. Die Zusammensetzung vernetzter Wertschöpfung wird in Abbildung 7 nachvollzogen. Zunächst gruppieren sich im Quadranten 1 die vertikalen und horizontalen Anknüpfungspunkte des „Wertenetzes" (Brandenburger und Nalebuff 1996), in dessen Mittelpunkt Ihr Unternehmen angeordnet ist. Vertikal aufwärts finden sich alle Lieferanten, die Ihr Unternehmen und dessen Produktions- und Vermarktungsaktivitäten mit Gütern oder Dienstleistungen beliefern. Auch wenn die landwirtschaftliche Erzeugung klassisch als „Urproduktion" bezeichnet wird, kauft sie in

Abb. 7
Vernetzte Wertschöpfung

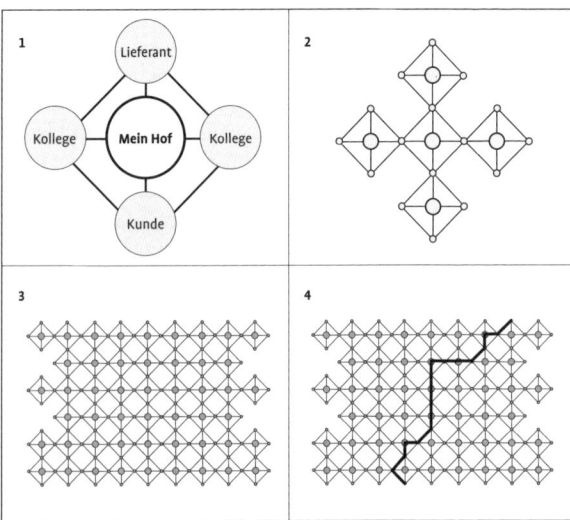

erheblichem – und in zunehmendem – Umfang Vorleistungen zu. Vertikal abwärts finden sich die Kunden bzw. Abnehmer der Erzeugnisse und Dienstleistungen, die Ihr Unternehmen auf den Markt bringt. Landwirtschaftliche Erzeugnisse sind in erheblichem Umfang ihrerseits Vorleistungen für die Weiterverarbeitung und die oft mehrstufige Weiterleitung an die Endverbraucher. Insofern ist Ihr landwirtschaftliches Unternehmen vertikal als ein Glied einer Wertschöpfungskette zu verstehen. Mit zunehmender Spezialisierung und Arbeitsteilung nimmt die Wertschöpfungskette an Länge zu und das Ausmaß der wechselseitigen Abhängigkeiten über die gesamte Wertschöpfungskette wächst mit. Horizontal, auf der gleichen Ebene der Wertschöpfung, befinden sich Ihre Branchenkollegen, die sowohl kooperativ als auch als Wettbewerber auf Absatz- und Beschaffungsmärkten aktiv sind bzw. sein können.

Quadrant 2 zeigt, dass jeder benachbarte Punkt des Wertschöpfungsnetzes wiederum Anknüpfungspunkt für ein weiteres Wertschöpfungsnetz ist, in dem wiederum Ihr Unternehmen eine entsprechende Rolle für Ihren Vernetzungspartner spielt. Quadrant 3 bildet das Vernetzungsgeflecht in seiner Mehrgliederigkeit ab und in Quadrant 4 durchzieht ein Pfad das Wertschöpfungsnetzwerk vom Ausgangs- bis zum Endpunkt. Für Sie als Unternehmer folgt daraus die Anforderung, die jeweiligen Strukturen und die Anforderungen der gesamten Wertschöpfungskette, in die Ihr Unternehmen integriert ist, zu verstehen. So erhalten Sie Hinweise auf mögliche Alternativen im gesamten Wertschöpfungsnetzwerk und Sie entwickeln ein weiterreichendes Verständnis für die Qualitätsanforderungen, die sich an Ihr Unternehmen und eben an die anderen Partner im Netzwerk richten. Auch die Optimierung der technischen Effizienz und die Integration von technischem Fortschritt in die Produktionsprozesse Ihres Unternehmens lassen sich letztlich nur mit diesem Verständnis der gesamten arbeitsteiligen Wertschöpfung erfolgreich gestalten.

> Die Welt ist kein Dorf – sie ist ein Netzwerk.

Standort und Ressourcen: Liegen wir richtig?

Drei Aufgaben im Überblick:

- Wähle und entwickle den Standort richtig!
- Mache die erforderlichen Ressourcen verfügbar!
- Entwickle und erhalte die Ressourcen!

Standort und
Unternehmen
müssen zuein-
ander passen.
Wenn Sie den
Standort nicht
ändern können:
Passen Sie das
Unternehmen
an!

Die Wahl des **Standortes** ist für ein landwirtschaftliches Unternehmen eine der weitestreichenden Entscheidungen, die es treffen kann. Viele andere Entscheidungen durch alle Gestaltungsbereiche des Unternehmenshauses hindurch lassen sich ggf. leichter relativieren, korrigieren oder revidieren. Das liegt nicht nur daran, dass Standortwechsel schon aus Tradition ausgesprochen branchenuntypisch sind. Es liegt auch daran, dass Investitionen in das immobile Anlagevermögen, d. h. Grund und Boden sowie Gebäude samt Einrichtung, vielfältige und umfangreiche Folgeinvestitionen und sonstige unternehmerische Entscheidungen nach sich ziehen.
Die so gewachsenen Selbstverständlichkeiten, die zuweilen eigentlich nur Scheinselbstverständlichkeiten sind, drohen den Blick zu verstellen. Es ist durchaus sinnvoll, den Standort des Unternehmens und seine Merkmale in zweckmäßigen Abständen kritisch zu überprüfen.

**Gedanken-
experiment**

Stellen Sie ein Gedankenexperiment an: Wenn Sie den Standort Ihres landwirtschaftlichen Unternehmens noch nicht hätten sondern noch frei auswählen könnten: Würden Sie ihn für die Produktion, die Sie betreiben, an derselben Stelle wieder einrichten?
Andersherum: Was würden Sie heute ändern, um aus Ihrem Standort, so wie Sie ihn haben, einen noch besseren zu machen? Den nämlich, den Sie gerne hätten! Noch anders gefragt: Ist Ihr Produktionsprogramm noch aktuell? Ist Ihre Produktionstechnik standortangemessen auf der Höhe der Zeit?

Unterschätzen Sie nicht die Änderungen im Zeitablauf, die schleichend die Standortgunst verändern können. Lebendige aktuelle Verschiebungen sind augenfällig beispielsweise mit der Bioenergiegewinnung verbunden. Die Nähe zu Verarbeitungsanlagen wie Molkerei oder Schlachthof, die über kurz oder lang zu veränderten Transportkosten-Belastungen führen, die Entfernung von Landhandel, Landtechnik, Lohnunternehmer oder anderen Dienstleistern können sich verändern. Die Ausweisung von natur- oder landschaftsbezogenen Schutzgebieten, der Bau von Verkehrsinfrastruktur, Anpassungen in den kommunalen baurechtlichen Maßgaben oder die baurechtlich-planerische Umwidmung von Flächen verändern die Standortrahmenbedingungen. Weitere Faktoren wie die langfristige Verfügbarkeit von Arbeitskräften in der Umgebung können zu weiteren Verschiebungen relativer Standortvorzüglichkeiten führen.

Mit allen diesen Veränderungen können Sie umgehen. Besser ist es allerdings, die Gräser so früh wachsen zu hören, dass Veränderungsdruck rechtzeitig zu Impulsen für Ihr Unternehmen führen kann – und so zum Wettbewerbsvorteil vor anderen regionalen Akteuren wird. Verlassen Sie nicht gleich den Standort, passen Sie aber Ihr Unternehmen bei der richtigen Gelegenheit, beispielsweise bei Investitionsmaßnahmen oder im Zuge einer Hofnachfolge, an veränderte Standortbedingungen an.

Antworten geben!

Eine besonders mit dem Größenwachstum landwirtschaftlicher Produktionskapazitäten einhergehende Herausforderung besteht darin, Vorbehalte der lokalen und auch der regionalen Bevölkerung ernst zu nehmen und so zu relativieren, dass sie Investitionen und Unternehmensentwicklung nicht verhindert. Das Risiko ist real: Große Stallanlagen gelten als Orte agrarindustrieller Massentierhaltung, der Einsatz von Großmaschinen führt zu lokalen Beschränkungen hinsichtlich Einsatz-

Soziale Intelligenz: Soft Skills der Standortnutzung und -entwicklung

möglichkeiten, Zeitfenstern, Auflagen und Verkehrsregulierungen. Der angemessene Umgang mit solchen Vorbehalten hilft, Vorhaben erfolgreich in Angriff nehmen zu können.

Entwickeln Sie Wege, das Verständnis der Bevölkerung für die Belange Ihres Unternehmens zu vergrößern. Konfrontation ist dabei selten der direkte Weg zum Ziel. Zuhören, argumentieren und eine konstruktive Grundhaltung, die auf geeigneten Kommunikationsplattformen zur Geltung gebracht wird, sind zwar zunächst aufwändiger, im Ergebnis aber häufig erfolgreicher. Geben Sie – auch aktiv – Antworten auf die Fragen der Gesellschaft.

Schließlich gehört auch die Ressourcenausstattung des Unternehmens in diesen Gestaltungsbereich der Unternehmensführung. Das betrifft die materielle Seite der Bilanz-Aktivseite. Prüfen Sie hier sorgfältig, inwieweit Ihr Anlage- und Umlaufvermögen bedarfsgerecht in Art und Umfang ist. Übermechanisierung und überhöhte Lagerbestände belasten die Rentabilität und können Wettbewerbskraft schwächen. Erhalten Sie sich die erforderliche Flexibilität, auf veränderte Rahmenbedingungen eingehen zu können. Dabei sind knifflige Fragen zu beantworten, für die es keine generelle und schematische Lösung gibt: Flächen kaufen auf Biegen und Brechen? Pachten um jeden Preis? Die Antwort auf Fragen dieses Gewichts setzt große Klarheit in allen Zimmern des Unternehmens voraus. Dann fließen nicht nur die sachlich-argumentativen sondern auch die emotionalen Kriterien in die Entscheidungsfindung ein. So oder so.

Wissen und Innovation: Wie bleiben wir auf dem Laufenden?

Fünf Aufgaben im Überblick:

- Schaffe, erwirb und pflege Wissen, entwickle es weiter!

- Entwickle neue Produkte und/oder Verfahren!
- Bringe Ideen zur Anwendungs- und ggf. Marktreife!
- Lasse Wissen zu Können werden!
- Plane Training, Beratung und Coaching!

Wissen managen

Zwei große Entwicklungen verlangen, den Umgang mit Wissen sehr ernst zu nehmen. Einerseits nimmt die Bedeutung des Wissens in allen Bereichen des Unternehmens mit großer Geschwindigkeit zu. Ob in der Produktionstechnik, in der Vermarktung, in den unterschiedlichen rechtlichen Belangen vom Genehmigungs- bis zum Haftungsrecht: Wissen spielt eine immer wichtigere Rolle in der professionellen Unternehmensführung.

Andererseits veraltet das Wissen immer schneller. Die sogenannte „Halbwertszeit" des Wissens nimmt ab. Der Begriff Halbwertszeit stammt aus der Physik und misst den Zeitablauf, innerhalb dessen sich z. B. die Strahlungsintensität radioaktiver Materialien halbiert. Übertragen auf das Wissen steht er grob für den Zeitraum, innerhalb dessen der Nutzwert von einmal erworbenem Wissen sich „halbiert". Wäre „Wissen" ein (immaterielles) Anlagegut in der Bilanz, könnte man sagen: Die Abschreibungsdauer verkürzt sich.

Tatsächlich finden Wissen und Können bzw. „Dürfen" Eingang in den Jahresabschluss, z. B. indem sie in Form von Patenten oder Lizenzen als immaterielle Vermögenswerte bilanziert werden.

Damit wird auch Wissen zu einem Entwicklungstreiber. Je kürzer die Abschreibungsfrist, desto höher der jährliche Wertverlust respektive die fixen Kosten der Nutzung eines Anlagegutes bzw. hier des Wissens. Und die Ersatzbeschaffung hat in zunehmend kürzeren Abständen stattzufinden. Die Herausforderung für die Unternehmensführung lautet also: Finde Wege, vorhandenes Wissen effizient zu nutzen und sorge rechtzeitig für dessen Aktualisierung. Die Wege, auf denen Wissen ins Unternehmen kommt, sind vielfältig. Sie können Wissen selber schaffen, in dem Sie z. B. Markt- oder Produktionskenntnisse systematisch erfassen, auswerten und in unternehmensspezifische Modelle übertragen. Neil Armstrong, der Astronaut, der als erster einen Fuß auf den Mond gesetzt hat, kommentierte dieses Ereignis mit den Worten: Ein kleiner Schritt für eine Menschen, aber ein großer Sprung für die Menschheit.

> Ein kleiner Schritt für einen Menschen, aber ein großer Sprung für die Menschheit.

Bei vielen Innovationen ist es gerade umgekehrt. Es mag ein großer Sprung für Ihr Unternehmen sein, aber irgendwo anders gibt es diese Neuerungen oftmals bereits. Sie müssen also nicht jeden Versuch-und-Irrtum-Fehler selber machen. Sie können Wissen auch „erwerben", durch Nutzung verschiedenster Medien, von Wochenblatt und Fachzeitschrift über das Fachbuch bis zu einschlägigen Foren im weltweiten Netz, Schulungen, Beratung und – ganz besonders wichtig – Gespräche mit den richtigen Menschen.

Neue Produkte und Verfahren

Wissen und Innovationen im Unternehmen brauchen einen Bezug zum Leistungsgeschehen. Sie müssen also in Produkte oder Verfahren übertragen werden, um einen Beitrag zum Unternehmenserfolg leisten zu können. Das schafft eine Perspektive für Wissensmanagement und Innovationen. Was kommt und was wichtig wird, ist nicht immer leicht vorherzusehen.

Aber es gibt Entwicklungen, die in einem größeren Rahmen verlaufen und deren Auswirkungen auch die eigene Branche, die eigene Region und das eigene Unternehmen betreffen. Aus der Beobachtung solcher Trends folgen Hinweise auf Entwicklungsrichtungen, die für das eigene Unternehmen und die strategischen Entscheidungen zu berücksichtigen sind.

Wichtigstes Hilfsmittel des Unternehmers bei der Beurteilung der Chancen und Risiken von Neuerungen ist **Augenmaß**. Neue Märkte, Produkte oder Produktionsverfahren sehen zunächst immer verführerisch aus. Sie sind wie weiße Flecken. Im Vordergrund stehen die Möglichkeiten, die sich mit der Innovation erschließen. Aber: Neuland zu erschließen bedeutet auch, Anlaufphasen überstehen, Lernkosten tragen. Es ist etwas anderes, eine Biogasanlage im Optimum zu betreiben als eine Milchviehherde an ihre Leistungsgrenze zu führen oder eine erfolgreiche Schweinemast aufzubauen. Voraussetzung für eine solide, chancen- und risikobewusste Entscheidung zum Einstieg in Innovationen ist eine realistische Einschätzung der Optionen, ihres möglichen Beitrags zum Unternehmenserfolg und dessen, was mit Bordmitteln zu leisten ist bzw. wo man in arbeitsteiligen Prozessen besser Aufgaben und Arbeitsprozesse auslagern sollte.

Reife Ideen

Sie kennen das: „An Ideen mangelt es mir nicht. Ich komme nur nicht dazu, sie umzusetzen." Die Folge: Es passiert erst mal gar nichts. Streuverluste gehören zur Natur von Ideen, Wissen und Innovation. Sie können einer Idee nicht immer ansehen, wozu sie mal gut sein könnte.

Thomas Watson, früherer IBM-Chef, hatte 1943 eine Idee beurteilt. Seine Prognose: „Ich denke, dass es einen Weltmarkt für vielleicht fünf Computer gibt." Es kam dann anders. So kann man sich täuschen.

Der Irrtum des Jahrhunderts!

Große Forschungs- und Entwicklungsabteilungen bedeutender Unternehmen produzieren vor allem eines: Ausschuss. Nur ein kleiner Teil der Ideen schafft es in die Entwicklung, nur ein kleiner Teil der Entwicklungsprojekte schafft es zum Produkt, nur ein kleiner Teil der Produkte schafft es auf den Markt, nur ein kleiner Teil davon schafft es schließlich zum großen wirtschaftlichen Erfolg. Entwickler brauchen also neben Ideen Geduld, Beharrlichkeit und eine hohe Frustrationstoleranz.

Lassen Sie sich nicht entmutigen. Packen Sie trotzdem Innovationen an! Schaffen Sie ein innovationsfreundliches Umfeld in Ihrem Unternehmen, in dem nicht nur Ideen sprudeln, sondern diese Ideen auch eine Chance auf Entwicklung und Umsetzung bekommen. Sammeln Sie Ihre Ideen, bringen Sie sie zu Papier. Arbeiten Sie für sich den Nutzen heraus, den es hätte, wenn die Idee Wirklichkeit würde. Bewerten Sie dann von Zeit zu Zeit Ihre Ideen nach ihrem Nutzen und machen Sie sich dann daran, die wichtigste(n) Idee(n) mit dem Werkzeugkasten des Projektmanagements zu einem Werkstück mit Lieferdatum zu machen. Seien Sie nicht enttäuscht, wenn nicht aus jeder Idee am Ende etwas Großes wird; aber bleiben Sie dran, wenn Sie von einer Idee überzeugt sind.

Wissen zu Können

Wissen wozu Wissen gut ist. Wissensmanagement ist Wertschöpfung.

Wissen ist wichtig, Können aber auch! Es gibt Wissen, das um seiner selbst Willen wertvoll ist. Aber Ihr landwirtschaftliches Unternehmen ist (sehr wahrscheinlich) keine Akademie. Wissen im landwirtschaftlichen Unternehmen braucht Bodenhaftung und Anwendungsbezug. Daraus entstehen Wechselwirkungen. Das Wissen aller im und für das Unternehmen Tätigen ist eine hervorragende Quelle zur Erfüllung der Aufgaben des Unternehmens, zur Lösung von Problemen und zur Weiterentwicklung des Leistungsspektrums und der Produktionsverfahren. Ihre Aufgabe als Unternehmer ist, dieses Wissen zu erkennen, weiterzuentwickeln und im Unternehmen einzusetzen. So machen Sie Wissen zu Können, Können zu Machen und Machen zu Erfolg.

Ebenso wichtig ist, das erfolgreiche Tun und Können in Wissen zurück zu verwandeln. Verstehen Sie Wissen und Können als „Produktionsfaktor". Machen Sie Ihr Unternehmen auch zu einem Ort, an dem verfügbares Wissen und Können wertvolle Vermögensbestandteile bilden.

Geplante Wissensentwicklung

Behandeln Sie Wissen und Können als Produktionsfaktor. Verstehen Sie ihn als „immateriellen Vermögenswert", auch wenn Ihre Steuerberatung ihn nicht bilanziert: Tun Sie es unternehmerisch. Prüfen Sie von Zeit zu Zeit diesen Fundus an Wissen und Können im Unternehmen anhand folgender Fragen:

- Wer im Unternehmen weiß bzw. kann Was?
- Wo haben wir damit strategische Wettbewerbsvorteile oder sogar Alleinstellungsmerkmale?
- Inwieweit sind diese Fähigkeiten und Fertigkeiten (noch) aktuell?
- An welchen Stellen besteht Anpassungsbedarf, um auf der Höhe des Wissens und Könnens zu bleiben?
- Setzen wir das Wissen und Können richtig ein, schöpfen wir unsere Möglichkeiten aus?

Prüfen Sie mit diesen einfachen Fragen die Aktualität Ihres Wissens- und Könnensinventars. Gehen Sie mit den Erkenntnissen dieser Prüfung unternehmerisch um: Wo besteht Handlungsbedarf, wie können wir ihn decken – und wann packen wir es an?

Stärken-Schwächen/ Chancen-Risiken: „Bewertung"

Die Stärken-Schwächen/Chancen-Risiken-Analyse (SWOT-Analyse) prüft systematisch die Stärken (Strengthens), Schwächen (Weaknesses), Chancen (Opportunities) und Risiken (Threats), die das Unternehmen ausmachen. Stärken und Schwächen stellen Eigenschaften des Unternehmens dar, die den Unternehmenserfolg begünstigen bzw. beeinträchtigen (können).

Chancen und Risiken sind die Faktoren, die auf das Unternehmen zukommen (könnten) und mit ihrem Eintreten den Unternehmenserfolg fördern bzw. gefährden können (Langosch 2010). Die Stärken-Schwächen/Chancen-Risiken-Analyse bewertet also den aktuellen „Standort" des Unternehmens, den Ausgangspunkt der Unternehmensentwicklung.

Die SWOT-Analyse ist ein Mehrzweck-Werkzeug. Sie kommt nicht nur in der Unternehmensführung zum Einsatz, sondern z. B. auch zu Controlling-Zwecken, wo sie Grundlage für die Steuerung über Benchmarks sein kann. Benchmarks sind Orientierungswerte zur Optimierung eigener Verfahren. Diese Werte sind Ergebnis eines Vergleichs mit anderen guten Unternehmen, Abteilungen oder Produktions- bzw. Marktbereichen. Die Grundidee entspricht der Überlegung: „Was andere schaffen, müssten wir doch hier auch hinbekommen." Die Benchmark-Kennzahlen sind einerseits anspruchsvoll und andererseits realistisch: Sie sind möglich, aber nur, wenn man sich anstrengt. Die SWOT-Analyse steht auch am Ausgangspunkt für umfassende Kennzahlen-Konzeptionen wie die Balanced Scorecard. Dieses Controlling-

Benchmarking – Maß nehmen an den Besten

Instrument stellt Übersichten unterschiedlicher Kennzahlen zur Erfolgssteuerung zusammen. Die Kennzahlen werden aus unterschiedlichen Perspektiven der Unternehmenshauszimmer entwickelt: Beispielsweise Markt und Marketing, Konten und Kassen, Personal und Arbeit, Verfahren und Abläufe oder Wissen und Innovation. Die Balanced Scorecard kommt aus der allgemeinen Betriebswirtschaftslehre und hat den Anspruch, ein umfassendes, kennzahlengestütztes Erfolgssteuerungskonzept anzubieten (Kaplan 2008).

Die Portfolio-Analyse (S. 57) im Marketing fußt auf derselben Grundlage wie die SWOT-Analyse. Sie fragt nach Stärken und Schwächen (... der eigenen Position auf dem Markt) sowie nach Chancen und Risiken (... aus der Richtung und Dynamik der Marktentwicklung). Auch in Projektplanung und -management dient eine projektbezogene SWOT-Analyse der Vorbereitung, indem sie die für ein zeitlich begrenztes, zielorientiertes Vorhaben sowohl die auf dieses Projekt bezogenen Erfolgsfaktoren als auch die erfolgsgefährdenden Faktoren systematisch aufdeckt.

Für die Unternehmensführung ist die Unterscheidung von „Innensicht" und „Außensicht" von großer Bedeutung. Für die Verhältnisse im Innern des Unternehmenshauses ist der Unternehmer verantwortlich. Er muss die Stärken und Schwächen seines Unternehmens erkennen und entscheiden, ob er sie ausbauen, akzeptieren oder abbauen bzw. verändern will: Es ist seine Entscheidung.

> Für Stärken und Schwächen ist der Unternehmer selbst verantwortlich.

Anders bei den Chancen und Risiken: Sie wirken von außen auf das Unternehmen ein – als Ereignisse, die nicht sicher, aber doch mit jeweils eigener Wahrscheinlichkeit Einfluss auf das Wohl oder Wehe des Unternehmens ausüben. Das Auf- und Eintreten einer Chance oder eines Risikos liegt nicht im direkten Entscheidungsbereich des Unternehmers. Bezüglich der Chancen und Risiken kann er „nur" entscheiden, ob er sein Unternehmen in ein Umfeld steuert, in dem sie auftreten und eintreten können. Seiner Entscheidung obliegt es dann darüber hinaus, ob er gegebenenfalls eintretende Chancen für das Unternehmen nutzen will bzw. Vorsorge gegen Risiken treffen will. Bis fast zum „Vollkasko-Schutz" sind viele Maßnahmen im Risikomanagement für Markt- und Produktionsrisiken möglich. Finanzrisiken ist durch eine risikobewusste Unternehmensfinanzierung mit einer stabilen Kapitalstruktur hinsichtlich Eigen- und Fremdkapital zu begegnen. Zusätzlich hilft eine risikobewusste Finanzierung von Investitionen und Produktionsentscheidungen dabei, Finanzrisiken beherrschbar zu halten. Eine Risikogruppe lässt sich allerdings nicht versichern: Das unternehmerische Risiko, die richtigen Entscheidungen im Unternehmenshaus zu treffen.

Für Unternehmen gibt es keine Lebensversicherung.

Die SWOT-Analyse mit Hilfe des Unternehmenshauses besteht aus drei Schritten. Sorgfalt bei der Unterscheidung dieser Schritte hilft, nicht versehentlich den zweiten oder dritten vor dem ersten zu setzen. Die richtige Schrittfolge sorgt dafür, Befunde und Bewertungen (die Sicht auf das Detail) nicht mit den zwischen den Details offenen oder verborgenen Wechselwirkungen (die Sicht auf das große Ganze) zu vermengen. Die Nutzung des Unternehmenshauses für diese Analyse hat sich bewährt, da es alle Gestaltungsbereiche der Unternehmensführung abdeckt und gleichzeitig ein Gliederungsmuster anbietet. Die unternehmenshausgestützte SWOT-Analyse erlaubt Detailanalysen und führt Schritt für Schritt zu einem zusammenhängenden Gesamteindruck und einem Profil.

Schritt 1: Die ehrliche Bestandsaufnahme

Der erste Schritt der SWOT-Analyse beginnt in der Wirklichkeit so wie sie tatsächlich ist. Sie nehmen Ihren Betriebsspiegel und gehen gedanklich – gerne aber auch tatsächlich – über ihren Hof, durch Ställe, Remisen, Werkstatt und Feldmark. Was sehen Sie, was fällt Ihnen auf? Machen Sie eine Bestandsaufnahme und notieren Sie die Befunde. Nutzen Sie dabei auch den Anlagenspiegel aus dem jüngsten Jahresabschluss, um zu prüfen, ob alles da ist, wo es sein soll. Prüfen Sie bei der Gele-

genheit auch, ob in den (bis auf den 1 €-Erinnerungs-
wert) abgeschriebenen Gebäuden, Maschinen oder Gerä-
ten stille Reserven stecken.

Nehmen Sie nun das Unternehmenshaus zur Hand
und überprüfen Sie, ob Sie alle Gestaltungsbereiche der
Unternehmensführung im Blick und im Griff haben. Ordnen Sie die Befunde aus Betriebs- und Anlagenspiegel
sowie aus Ihrem Rundgang durch den Betrieb den jeweiligen Zimmern im Unternehmenshaus zu. Beziehen Sie
nun die Trends, die sich in Ihrem Unternehmensumfeld
bemerkbar machen, in die Betrachtung ein. Ordnen Sie
auch die Trends den einzelnen Zimmern zu. Gehen Sie
noch einmal jeden Bereich durch:

- Haben Sie einen Orientierungsrahmen mit Vision,
  Mission, Zielen und Strategien?
- Wissen alle, wohin die Reise geht?
- Wie bearbeiten Sie die Märkte?
- Welche Beziehungen unterhalten Sie zu Ihren Markt-
  partnern?
- Besteht Klarheit darüber, wer Entscheidungen trifft
  und wer Sie verantwortet?
- Wie sieht es auf den Konten und in der Kasse aus?
- Wie sieht die Leistungspalette aus?
- Sind Ihre Leute qualifiziert, motiviert und engagiert?
- Funktionieren die Produktionsverfahren und die
  Abläufe im Unternehmen?
- Stimmen Standort und Ressourcenausstattung Ihres
  Unternehmens?
- Wie bleiben Sie auf dem Laufenden?

Erst jetzt, mit dieser Bestandsaufnahme, haben Sie die
Basis für eine Bewertung der Befunde geschaffen.

Diese Aufteilung zwischen Beobachtung/Befund und
Bewertung ist von größter Bedeutung. Sie hilft gegen
vorschnelle Fehlurteile und beugt dem gefährlichen
„Aktionismus" vor.

> **Aktionismus
> ist Handeln
> ohne Plan.**

Handeln aber ist bei der Erarbeitung der SWOT-Analyse nicht vorgesehen. Es geht in dieser Phase noch kei-

neswegs darum, erkannte „Missstände" umgehend zu beheben. Es geht darum, eine Grundlage zu schaffen, sie richtig zu bewerten und zu verstehen. Sie benötigen also zunächst eine Gesamtschau der Befunde. Sie eröffnet damit den Blick auf das Zusammenwirken in Ihrem Unternehmen. Das ist Voraussetzung für Schritt zwei der SWOT-Analyse.

Schritt 2: Maß nehmen!

Jetzt, mit dem zweiten Schritt der SWOT-Analyse, müssen Bewertungsmaßstäbe her, um Stärken von Schwächen und Chancen von Risiken unterscheiden zu können. Dabei gibt es keinen allgemein gültigen Bewertungsrahmen für gut oder schlecht. Sie stehen am Ausgangspunkt ökonomischer Bewertung: „Es kommt darauf an ..." Klären Sie zunächst, was Sie unter die Lupe nehmen. Wenn Sie den aktuellen „Ist-Zustand" unter die Lupe nehmen, stellen Sie systematisch vier Leitfragen:

Stellen Sie die richtigen Fragen.

Leitfrage 1:
Welche Befunde im Unternehmen sind Erfolgstreiber?

Das sind die Stärken Ihres Unternehmens. Diese helfen heute, das erfolgreich dort zu tun, wo Ihr Unternehmen heute steht. Wenn Sie zweifeln, ob Sie gerade eine Stärke oder eine Schwäche vor sich haben, machen Sie den „Mit-oder-Ohne-Test", indem Sie die Frage stellen: „Wenn wir z.B. nicht auf diesem Qualitätsniveau produzieren würden, würde das mein Unternehmen stärken – oder schwächen?" Ist Ihr Unternehmen „mit" besser und wäre „ohne" schlechter dran, handelt es sich um eine Stärke. Ist es für den Erfolg Ihres Unternehmens kurz-, mittel- und langfristig egal, ob Sie diese Qualität erzeugen, fragen Sie sich, warum Sie den Extra-Aufwand für die Extraqualität, die aber keinen Extraerfolg einbringt, überhaupt treiben sollten. Gewiss, es könnte dafür gute

Gründe geben – aber eine Stärke wäre die Qualitätsproduktion dann nicht.

Leitfrage 2:
Welche Befunde im Unternehmen sind Erfolgshürden?

Das sind die Schwächen Ihres Unternehmens. Nehmen Sie das Beispiel aus Leitfrage 1: Sie erzeugen hohe Qualität, die aber nicht erfolgswirksam ist. Das ließe sich als „Schwäche" in der Vermarktung verstehen. Mit dieser Schwäche können Sie auf mindestens vier verschiedene Weisen umgehen:

- Sie können Sie abbauen, z. B. indem Sie neue Vermarktungskanäle finden, in denen die Marktpartner eben doch so viel Wert auf Ihr Qualitätsniveau legen, dass sie Ihnen dafür einen Preisaufschlag gewähren.
- Sie können Sie zur Stärke umbauen, indem Sie z. B. die Weiterverarbeitung Ihres Qualitätsprodukts selber in die Hand nehmen und es als Veredelungsprodukt mit zusätzlicher Wertschöpfung und Extragewinn in einem anderen Marktsegment platzieren.
- Sie können die Schwäche dadurch umgehen, dass Sie auf den Mehraufwand der Extra-Qualität verzichten und Ihr Qualitätsniveau auf das Maß reduzieren, dass der Markt verlangt und honoriert.
- Sie können die Schwäche schließlich aber auch ignorieren – weil Sie eben andere, nicht unmittelbar erfolgsrelevante Vorzüge in der Qualitätsproduktion erkennen, die Ihnen den Mehraufwand ohne Mehrerlös „wert sind".

Leitfrage 3:
Welche Faktoren außerhalb des Unternehmens eröffnen Ihnen Möglichkeiten?

Das sind die Chancen, die sich für Ihr Unternehmen auftun. Sie folgen beispielsweise aus den Trends oder auch aus den Konstellationen in Ihrem Ort oder Ihrer Region.

Wenn die Gemeinde sich als Vorreiter in Sachen erneuerbare Energien profilieren möchte, bietet das Ihrem Betrieb große Chancen, sei es für die Nutzung der Sonne, des Windes, nachwachsender Rohstoffe oder der Gülle. Chancen nutzen zu können setzt voraus, dass man sie wahrnimmt und als Chancen erkennt. Offene Augen und Ohren und der Zugang zu den lokalen Informationsnetzwerken sind wichtige Stärken, die Ihrem Unternehmen helfen, solche Chancen wahrzunehmen – wenn es sowohl diese Stärken des Unternehmens hat als auch die Chancen in seinem Umfeld.

Leitfrage 4:
Welche Faktoren außerhalb des Unternehmens gefährden Ihren Erfolg – möglicherweise?

Das sind die Risiken. Wenn sich z. B. – anders als im Beispiel zu den Chancen – nicht Ihre Gemeinde, wohl aber Ihr Nachbar und Berufskollege als Vorreiter in Sachen erneuerbare Energien profilieren möchte, könnte das die Erfolgsaussichten Ihres Unternehmens unmittelbar beeinträchtigen. Besonders, wenn sich daraus eine Verschiebung auf die lokale Flächennachfrage ergibt und Sie mit einem Anziehen des Pachtzinsniveaus auch für diejenigen Pachtflächen, die Ihr Betrieb benötigt, zu rechnen haben.

Machen Sie Ihr Tor!

Es ist wie im Fußball: Sie haben eine großartige Stärke, z. B. Ihr schussstarker rechter Fuß. Mit dieser Stärke können Sie Tore schießen – dann besonders gut, wenn Sie auch die entsprechende Chancen dazu haben: Eine schöne Flanke in den Strafraum könnte so eine Chance sein.
Genauso verhält es sich mit den Stärken und Chancen im Unternehmen. Ihren rechten Fuß können Sie trainieren, für dessen Einsatzbereitschaft und Leistungsfähigkeit sind Sie zuständig. Für die Chancen sind Sie mittelbar mit zuständig. Es ist Ihre Verantwortung, den gegnerischen Strafraum unsicher zu machen. Ob aber tatsächlich eine Flanke kommt, die zur Torchance wird, hängt entscheidend

von Ihren Mitspielern ab. Sie können also nur zum Erfolg beitragen, ihn aber nicht sicherstellen. Es geht um Wahrscheinlichkeiten des Eintreffens. Mit Schwächen und Risiken verhält es sich analog: Je größer und zahlreicher die Schwächen in Ihrem Unternehmen, desto empfindlicher treffen Sie Risiken. Wenn die Abwehr Ihrer Fußballmannschaft nicht in der Lage ist, eine Mauer zu bilden, hat sie eine Schwäche, die dann, wenn das Risiko eines Freistoßes für die gegnerische Mannschaft eintritt, Ihren Erfolg unmittelbar gefährden kann.

Durch das Element der Wahrscheinlichkeit, die mit Chancen und Risiken verbunden ist, kommt noch eine Zeitkomponente hinzu. Ob Chancen oder Risiken tatsächlich eintreten, wissen Sie zum Zeitpunkt ihrer Erfassung nicht. Das wird sich erst später zeigen. Stärken und Schwächen stellen Sie in dem Moment fest, in dem Sie die Analyse machen, also in der Gegenwart.

Schritt 3: Ein Profil bilden – das System verstehen

Wenn die Befunde analysiert und bewertet sind, haben Sie eine Sammlung von vielen Stärken, vielen Schwächen, vielen Chancen und vielen Risiken. Im dritten Schritt geht es nun darum, aus der Gesamtschau ein Profil abzuleiten, das auf einen Blick Auskunft gibt über Bereiche, in denen Erfolgs- oder Misserfolgsfaktoren gehäuft auftreten. Sie erkennen, ob es Schlagseiten in den Erfolgs- und Misserfolgsfaktoren gibt. Sie können untersuchen, ob es Querverbindungen und Wechselwirkungen zwischen verschiedenen Bereichen innerhalb der Unternehmensführung gibt. Und schließlich können Sie auf einen Blick erkennen, wo in Ihrem Unternehmen Stärken und Chancen erfolgsfördernd zusammenwirken. Ebenso können Sie im Sinne der Risikovorsorge rechtzeitig erkennen, wo Risiken und Schwächen sich ungünstig paaren.

Tab. 4 Stärken und Schwächen, Chancen und Risiken im DoG-Profil
(angelehnt an Langosch 2010)

David			oder	Goliath	
Risiko	Schwäche		Bereich	Stärke	Chance
			Märkte & Marketing		
			Entscheidung & Verantwortung		
			Konten & Kassen		
			Produkte & Leistungen		
			Ziele & Strategie		
			Personal & Arbeit		
			Verfahren & Abläufe		
			Standort & Ressourcen		
			Wissen & Innovation		

Diese Übersicht über Ihre Unternehmensqualitäten ist vielfach nutzbar – intern, für Sie und ggf. für Ihren Unternehmensberater, mit dem Sie strategische Fragen bearbeiten. Ein umfassendes Stärken-Schwächen-Profil ist jedoch nichts für Außenstehende. Sehr zu recht würden Sie eine SWOT-Analyse mit anderen Augen und anderer Schärfe vornehmen, wenn Sie sie für andere aufstellen würden. Die Vertraulichkeit ist Voraussetzung für Ihre Offenheit und Ehrlichkeit im Umgang mit sich selber. Sie schauen in den Spiegel. Nicht alles, was Sie dort sehen, gefällt auf Anhieb. Das macht nichts, denn wenn Sie aus dem Haus gehen, ziehen Sie sich ja etwas Kleidsames an. So verhält es sich mit der SWOT-Analyse. Sie zeigt das, was sich im Spiegel abbildet, den Sie Ihrem entblößten Unternehmen vorhalten. Seien Sie nicht in der Analyse gnädig, seien Sie nachher gnädig mit Ihrem Unternehmen, indem Sie das, was Sie nach außen tragen, auf die jeweiligen Zwecke und Beteiligten abstimmen.

Zu den sprachlichen Anforderungen an die Kommunikation gehört auch der sorgfältige Umgang mit den

Nicht alles, was im Spiegel zu sehen ist, gefällt.

Bewertungen aus der SWOT-Analyse. Greifen Sie dazu zu einem Kniff: Sprechen Sie statt von einem Stärken-Schwächen/Chancen-Risiken-Profil besser von einem „David oder Goliath-Profil" (Tab 4, Langosch 2010). Damit wird der Schwäche die Abschreckung genommen. Stärken führen so nicht so leicht zur Abgehobenheit.

Von David lernen – nicht von Goliath

David, ein antiker Held, hatte als schwächlicher Kombattant eine Kraftprobe mit dem physisch weit überlegeneren und kampferprobteren Goliath zu bestehen. Die Geschichte nahm den bekannten Ausgang: Goliath, der sich fälschlich auf seinen vermeintlichen Vorteilen ausgeruht hatte, wurde Opfer der von David ersonnenen List. David hatte aus seiner Schwäche eine Stärke gemacht. Seine Chance, die in Goliaths Fehleinschätzung der Gesamtsituation lag (Schwäche), hat er mit seiner Stärke genutzt, pfiffige Lösungen zu finden.

David und Goliath

Von David-Eigenschaften zu sprechen könnte Sie daran erinnern, dass es außer Resignation auch andere Möglichkeiten gibt, mit Schwächen und Risiken umzugehen.

Als Unternehmer tragen Sie die Verantwortung dafür, Stärken und Schwächen, Chancen und Risiken zu erkennen und zu bewerten. Diese Selbsteinschätzung ist die Grundlage für den Erfolg Ihres Unternehmens und die Basis für eine Unternehmensentwicklung, die speziell zu Ihrem Unternehmen passt. Sie zeigt auch die Ansatzstellen, um die Erfolgsfaktoren zu justieren.

Schritt 1: Skizzieren Sie auf einem großen Blatt Papier (DIN A 3) Ihr Unternehmenshaus und gehen Sie durch jedes der neun Zimmer. Beantworten Sie die Leitfrage jedes Zimmers und prüfen Sie dann, ob Sie alle Aufgaben der Unternehmensführung in diesem Gestaltungsbereich erfüllen. Notieren Sie in Stichworten, was Ihnen dabei auffällt.
Schritt 2: Bewerten Sie: Welche der Befunde sind Stärken, welche sind Schwächen? Welche Chancen und welche Risiken erkennen Sie in den Stichworten in den Zimmern

Übung: Unternehmens-Profil

Ihres Unternehmenshauses? Kennzeichnen Sie jeden der Befunde als Stärke, Schwäche, Chance oder Risiko!

Schritt 3: Entwerfen Sie auf einem weiteren Blatt Papier eine Übersicht wie in Tabelle 4 . Sie erhalten so ein Profil für Unternehmenserfolg und -entwicklung.

Veränderung wagen

Mit der Stärken-Schwächen/Chancen-Risiken-
Analyse haben Sie eine systematische Untersuchung
Ihres Unternehmenshauses vorgenommen. Der
große Vorteil dieses Ansatzes besteht darin, dass Sie
das Kleine, das Detail erkennen, ohne das Wesentliche aus den Augen zu verlieren. Andererseits können Sie das Große und Ganze in Angriff nehmen in
der zuverlässigen Gewissheit, wichtige Details im
Unternehmenshaus nicht zu übersehen.

Das Wechselspiel zwischen Groß und Klein, zwischen
Allem und Einzelnen, zwischen Makro und Nano schafft
Raum für konstruktive Spannung. Sie kommen zu einem
umfassenden Urteil:

• Ist Ihr Unternehmen im Gleichgewicht?
• Stehen Stärken und Schwächen in einem angemesse-
  nen bzw. akzeptablen Verhältnis?
• Können Sie Chancen nutzen, könnten Risiken Ihrem
  Unternehmen gefährlich werden?

Damit haben Sie eine breit abgesicherte Grundlage
geschaffen, um Veränderungen in Angriff zu nehmen.
Machen Sie Gebrauch von Ihren Stärken, nutzen Sie Ihre
Chancen! Arbeiten Sie an den Schwächen Ihres Unternehmens und treffen Sie Vorsorge gegen die Risiken! So
entwickeln Sie auch ein Gespür für die ungenutzten
Möglichkeiten und die „Fehlstellen" in Ihrem Unternehmen. Was könnten Sie tun, um den Erfolg auszubauen,
was müssen Sie tun, um den Erfolg nicht zu riskieren?
   Aus den Antworten auf diese Fragen leitet sich ein
Aufgabenkatalog ab. So machen Sie aus der Stärken-

> Stärken stärken!
> Schwächen
> schwächen!

Schwächen/Chancen-Risiken-Analyse ein praktikables individuelles Werkzeug für Ihr Unternehmen. Die SWOT-Analyse nützt Ihnen dabei einerseits für die grundsätzlichen Fragen, die strategischen Aufgaben der Unternehmensführung. Sie finden systematisch heraus, wo Sie sich auf die Stärken Ihres Unternehmens verlassen und welche Chancen Sie erwarten können. Sie erkennen die Schwächen Ihres Unternehmens und können frühzeitig sehen, welche Risiken den Erfolg gefährden können. Aber auch im Tagesgeschäft, in der operativen Unternehmensführung, hilft Ihnen das Werkzeug des Unternehmenshauses mit seinen in Zimmern sortierten Gestaltungsbereichen der Unternehmensführung. Stets haben Sie im Blick, worauf es ankommt, wenn Sie Ihrer Gesamtverantwortung für das Unternehmen jederzeit gerecht werden wollen. Sie erkennen frühzeitig, in welchen Bereichen es nicht so läuft wie es laufen sollte, damit Erfolg möglich ist.

Übung: Entwickeln Sie einen Aktionsplan

Schritt 1: Entwerfen Sie eine Tabelle mit zehn Zeilen und sieben Spalten. In der Kopfzeile benennen Sie die Spalten wie folgt:
Gestaltungsbereich der Unternehmensführung (= Zimmer im Unternehmenshaus)
Wie (will ich die) Stärken einsetzen?
Wie (will ich die) Schwächen handhaben?
Wie (will ich die) Chancen nutzen?
Wie (will ich den) Risiken vorbeugen?
Welche Priorität (will ich setzen)?
Zeitvorgaben (für den Vollzug)
Schritt 2: Bezeichnen Sie die neun inhaltlichen Zeilen unterhalb der Kopfzeile nach den Zimmern des Unternehmenshauses.
Schritt 3: Entscheiden Sie, welche Befunde Sie für so wichtig erachten, dass Sie konkret anpacken wollen.

Um im (Sprach-)Bild zu bleiben: Achten Sie als Hausherr darauf, in welchen Zimmern Ordnung herrscht. Erkennen Sie, wo „mal wieder gelüftet oder gründlich gereinigt" werden müsste oder zumindest frische Blumen auf den Tisch gehören. Verschließen Sie die Augen nicht vor den Zuständen in den Zimmern, wo das nicht mehr reicht: Wenn Sie sehen, dass neue Möbel her müssen, dass eine Renovierung dran ist oder dass eine Generalsanierung not tut, dann sind Sie wieder bei den strategischen Aufgaben angelangt. Und auch dabei, diesen wichtigen Unterschied zwischen strategischen und operativen Aufgaben der Unternehmensführung zu erkennen, können die in diesem Buch vorgestellten Werkzeuge Ihnen von großem Nutzen sein.

Machen Sie Gebrauch davon!

Service

Wichtige Adressen

Andreas Hermes Akademie:
   www.andreas-hermes-akademie.de
Hochschule Neubrandenburg, Agrarwirtschaft:
   www.hs-nb.de/studiengang-aw/
Dr. Langosch, Rumberg & Partner:
   www.dlrp.de

Literaturverzeichnis

Akerlof, G.A. und R.J. Shiller: Animal Spirits. Frankfurt/M. 2009

Andreas Hermes Akademie: bus-Unternehmertrainings

Brandenburger, A. u. B. Nalebuff:Co-opetition. New York 1996

Bundesverband Deutscher Unternehmensberater BDU e.V. (Hrsg.): Grund-sätze ordnungsgemäßer Planung. Bonn 2009.

Bundesverband Deutscher Unternehmensberater e. V. (Hrsg.): Wandel erfolgreich gestalten. Fachartikelserie des Fachverbandes Gründung, Entwicklung und Nachfolge. Bonn 2010

Bundesministerium für Ernährung, Landwirtschaft und Verbraucher-schutz: Agrarpolitischer Bericht 2011 der Bundesregierung. Bonn/Ber-lin 2011

Deutscher Bauernverband DBV e. V.: Situationsbericht 2011

Die Zeit, Nr. 33, 11. August 2011

DLG-Ausschuss für Wirtschaftsberatung und Rechnungswesen: Die neue Betriebszweigabrechnung. Frankfurt/M. 2004

DLG Hrsg. Jahresabschlussanalyse

Domschke, W. u. A. Scholl: Grundlagen der Betriebswirtschaftslehre. Ber-lin, Heidelberg, New York 2008

Kommission der Europäischen Gemeinschaften: Weissbuch „Anpassung an den Klimawandel". Brüssel 2009

Collins, J.: Der Weg zu den Besten

Drucker, P.: Mangement, Band 2. Frankfurt/M., New York 2009

Felden, B.: Wie der Generationenwechsel wirklich geht. In: Handelsblatt v. 13.02.2010.

Fisher, R., W. Ury u. B. Patton: Das Harvard-Konzept. Frankfurt/M. 2009.

Gieschen, D. u. F. Schumacher-Gutjahr: Gewusst wie! Presse- und Öffentlichkeitsarbeit für erfolgreiche Landwirte. Frankfurt/M. 2008

Gründken, B.: topagrar spezial Finanzierung. Münster 2010

Hagmann, P.: Der scheue Alleinherrscher. In: Neue Zürcher Zeitung, nzz-
online v. 05.12.2002. (http://www.nzz.ch/2002/12/05/fe/
article8K0WQ.html)

Heuser, U.J.: Humanomics, Die Entdeckung des Menschen in der Wirtschaft. Frankfurt / New York 2008

Kaplan R. u. D. Norton: The execution premium: linking strategy to opera-
tions to competitive advantage. Harvard 2008.

Landwirtschaftliche Rentenbank. Risikoleitfaden. Frankfurt/M. 2010

Langosch, R.: Controlling in der Landwirtschaft. Frankfurt/M. 2010

Langosch, R. Unternehmerische Ziele erfolgreich umsetzen. In: Kos, S.:
Erfolgreich führen mit Herz und Verstand. Frankfurt/M. 2009

Olson, K.: Characteristics of High Profit Farms. In: International Farm As-
sociation IFMA (Hrsg.) IFMA 18 Congress „Thriving in a Global Market".
Methven, New Zealand 2011.

Picot, A., H. Dietl: Transaktionskostentheorie. In: Wirtschaftswissen-
schaftliches Studium, WIST, H. 4, 1990

Radermacher, F.J., B. Beyers: Welt mit Zukunft. Hamburg 2007

Reimann, G.: Innovative Audits als Tool für Veränderungsprozesse.
In: Bundesverband Deutscher Unternehmensberater e. V. (Hrsg.): Den
Wandel gestalten. Fachartikelserie des Fachverbands Gründung, Ent-
wicklung und Nachfolge. Bonn 2010

Rieck, C.: Spieltheorie. Eschborn, 2010

Samuelson, P. u. W. Nordhaus : Volkswirtschaftlehre. Landsberg/L. 2007

Sprenger, R.: Die Entscheidung liegt bei Dir! Frankfurt/M. 1998.

Sprenger, R.K.: Mythos Motivation. Frankfurt/M. 2005

Statistisches Jahrbuch 2009. Berlin 2010

Watson, J.: Meine Gedanken sind aggressiv. Interview in: Der Spiegel,
Ausgabe 9/2003 vom 24.02.2003

Sprenger, R.K.: Mythos Motivation. Wege aus einer Sackgasse. Frankfurt /
New York 1997

United Nations, Department of Economic and Social Affairs (2011):
World Population Prospects: The 2010 Revision. New York

Vester, F.: Die Kunst vernetzt zu denken. Stuttgart 1999.

Züger, R.-M.: w – Management-Basiskompetenz. Zürich 2007

Gesetzestexte: BGB, HGB, AG-Gesetz

Stichwortverzeichnis

AAA 22
Abschreibungen 74
Afa 75
Aktivseite 74
Alleinstellungsmerkmal 47
Andreas Hermes Akademie 7,
   124
Arbeitsteilung 72

Betriebszweiganalyse 77
Bilanz 73
Bumerangeffekt 67

Cash Flow 75
Controlling 9, 25, 34, 57, 74, 76,
   78, 79, 110, 125

David oder Goliath-Profil 119
Delegieren 72

Economies of Scale 59
Economies of Scope 59
Eisbergmodell 92
Entscheidungen 3, 6, 8, 9, 10,
   13, 23, 27, 28, 35, 37, 39, 40,
   41, 42, 43, 58, 69, 71, 72, 81,
   85, 89, 94, 102, 106, 113
Entscheidungsmatrix 37, 39
Erfolg 35

Führungsstil 94, 95
Fixkosten 76
Fünf Kräfte 53, 54

Gewichtungsfaktor 38
Gewinnschwelle 76
Gewinn- und Verlustrechnung
   73

Identität 44

Jerusalem-Effekte 52

Karajan-Syndrom 72
Kooperation 11, 32, 42
Kostenartenrechnung 76
Kostenführerschaft 59
Kostenstellenrechnung 76
Kostenträgerrechnung 76

Liquidität 73, 75, 79, 80

Management 5, 6, 7, 12, 31, 43,
   99, 125
Management by Objectives 31
Mengenanpasser 49, 77
Mission 26, 28, 29, 32, 113
Monopol 46, 49, 61

Öffentliches Gut 85
Oligopol 49, 61
Orientierung 3, 8, 27, 28, 41,
   76, 91

Pareto-Optimum 95
Passivseite 74
Personalentwicklung 87, 96, 97
Personalführung 6, 18, 41, 72,
   89, 91, 92, 93, 94, 95
Polypol 48
Portfolio-Analyse 56, 81, 111
Preiselastizität 51
private Güter 86
Produktionsfunktion 22, 60
Produktionsschwelle 76
Projektmanagement 98, 99

Rechtsform 67, 68, 69, 70, 71
Rentabilität 73, 75, 77, 79, 80,
   104
Risiko 8, 19, 38, 103, 117

Say 61
SMART 29
soft Factors 19
Spieltheorie 42, 125
Strategie 9, 17, 26, 27, 31, 34,
   55, 59, 61, 81
SWOT-Analyse 110, 112, 113,
   114, 118, 119
Synergie 42

TINA 42
Transaktionskosten 19
Trends 45, 49, 55, 61, 62, 81,
   106, 113, 115

Unternehmensführung 4, 5, 6,
   7, 9, 12, 13, 17, 21, 24, 25, 28,
   31, 34, 58, 70, 72, 80, 82, 89,
   96, 105, 110, 111, 112, 113,
   117
Unternehmenshaus 24

Verantwortung 8, 10, 11, 17, 21,
   29, 42, 43, 44, 48, 63, 67, 71,
   73, 89, 96, 116, 119
Verlässlichkeit 17
Vertrauen 17
Vision 26, 28, 29, 32, 113
Volatilität 51
V-Wörter 16

Wertschöpfungskette 47, 55,
   61, 101
Wertschöpfungsnetz 55, 101
Win-Lose 20
Win-Win 42

Prof. Dr. Rainer Langosch ist Unternehmensberater und Professor für Unternehmensführung, Kommunikation und Beratungsmethodik an der Hochschule Neubrandenburg. Für die Andreas Hermes Akademie leitet er seit 10 Jahren Unternehmertrainings.

Bildquellen

Die Zeichnungen fertigte Artur Piestricow, Stuttgart, nach Vorlagen des Autors.

Titelfoto: Agrarfoto.com

Bibliografische Information der Deutschen Nationalbibliothek
Die Deutsche Nationalbibliothek verzeichnet diese Publikation in der Deutschen Nationalbibliografie; detaillierte bibliografische Daten sind im Internet über http://dnb.d-nb.de abrufbar.

© 2015 Eugen Ulmer KG
Wollgrasweg 41, 70599 Stuttgart (Hohenheim)
E-Mail: info@ulmer.de
Internet: www.ulmer-verlag.de
Lektorat: Werner Baumeister
Herstellung: Gabriele Wieczorek
Umschlagentwurf: FreiraumK, Karen Neumeister, Stuttgart
Satz: r&p digitale medien, Echterdingen
Druck und Bindung: Graph. Großbetrieb Friedrich Pustet, Regensburg
Printed in Germany

ISBN 978-3-8001-0326-3

Die Andreas Akademie (AHA)
ist die zentrale Weiterbildungseinrichtung der deutschen Landwirt-
Andreas
Hermes   schaft.
Akademie   Mit einem Team aus ca. sechzig Trainerinnen und Trainern bieten
wir unter anderem das erfolgreiche und bewährte b|u|s- und
b|u|s *plus*- Unternehmertraining an.

b|u|s ist ein systematisch aufgebauter Ent-
wicklungsprozess für Unternehmer, die die
Geschicke Ihres Unternehmens selbst in die
Hand nehmen. Die einzelnen Trainings zu den
verschiedenen Kernkompetenzen bauen systematisch aufeinander auf. Sie entwickeln und
trainieren Schritt für Schritt zentrale Unter-
nehmerkompetenzen, wenden sie direkt an
und arbeiten an Ihrem individuellen Unter-
nehmenserfolg. Nach den b|u|s-Kernkompe-
tenzen können Sie Ihren Entwicklungsprozess
in b|u|s *plus* in flexibler Themenzusammen-
stellung fortsetzen.
Weitere Informationen finden Sie unter
www.andreas-hermes-akademie.de/

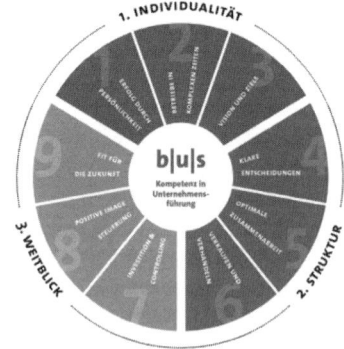